과학사의 진실

교과서에도 없는 진실의 드라마

이찌바 야스오 지음
손영수 옮김

전파과학사

한국어판 머리말에 앞서

손영수 형

먼젓번 『과학사의 뒷얘기』에 이어 이번에는 졸저 『(99의 ?) 과학사의 진실』을 더구나 손 형이 직접 번역하여 간행을 보게 되니 정말 기쁘고 또 영광스럽게 생각합니다.

이 책의 내용이나 겨냥한 바에 대해서는 머리말에 쓴 대로지만, 이 책을 쓰게 된 동기에 대해 솔직한 말씀을 몇 마디 덧붙이려 합니다.

지금 일본의 학교 교육에서 과학 과목은 거의 암기식이 되어 버렸답니다. 극단적인 말을 한다면, 교사는 다 다듬어진 과학 지식을 그저 그대로 학생에게 전달할 뿐이고, 학생은 또 아무 의문도 없이 암기하여 시험에서 좋은 점수를 따기만 하면 그만이라는 것이 일반적인 풍조입니다. 이래서는 과학을 공부하는 데 가장 중요한 호기심이나 의문을 일으키게 하는 마음을 기르기는커녕 도리어 억압하는 것이 될지도 모릅니다. 또한 기억력은 향상될지라도 과학을 사고하는 방법은 전혀 익숙해지지 않을 것입니다.

이래서는 안 되겠다고 해서 과학교육의 개혁, 재건에 진지하게 뜻을 둔 사람이 적지 않습니다. 나도 교직에 있어본 경험은 한 번도 없지만, 같은 방향에서 조금이라도 힘이 되었으면 하고 생각했습니다. 그리고 자신이 공부하는 과학사 분야에서 무엇인가 할 수 있는 일이 없을까 하고 궁리한 나머지 이런 책이 태어나게 된 것입니다.

즉 과학의 사고 방법이나 방법을 배우기 위해 과학사를 교재로 이용하려 할 경우, 재래식 과학사처럼 성공한 업적만을 그저 연대순으로 나열하는 것만으로는 효과가 없습니다. 오히려 실패하거나 성공하기 전의 이론이나 학설에 초점을 맞추어, 새 이론이 어떻게 결함을 극복해 왔느냐를 역동적으로 그려내는 일이 반드시 필요하다고 생각했습니다. 그리하여 정상적인 교과서와는 꼭 정반대로 잘못된 학설이라든가 불모의 논쟁, 과학사상의 사기 사건 등을 모아 간명하게 소개하기로 한 것입니다.

내가 의도한 바가 빗나가지 않았던 것 같습니다. 「이런 얘기는 처음 알았다」, 「아주 큰 자극이 되었다」, 「학습지도에 활용하고 싶다」 등, 예상외로 많은 독자에게서 편지와 전화가 날아왔습니다.

이러한 과학 교육상의 문제점은, 오늘날의 일본만큼은 극단적이 아니라 하더라도 어느 시대, 어느 나라에서도 많건 적건 생기고 있는 일이 아닐까요. 그런 뜻에서 이 책이 한국의 학생과, 선생님들 그리고 과학에 흥미를 갖는 누구에게나 조금이라도 도움이 된다면 저자로서는 더할 기쁨이 없겠습니다. 끝으로 늘 변함없는 손형의 우의에 깊은 감사를 드리며 귀사의 발전을 빕니다.

도쿄에서 이찌바 야스오(市場泰男)

머리말

무엇 때문에 과학사를 공부하느냐고 물어본다면 사람마다 그 대답은 다양할 것이다. 나의 경우 과학사 공부를 시작하게 된 것은 과학의 진보 자체를 역사적으로 더듬어보기 보다는 개개의 학설, 법칙, 개념 등이 어떻게 해서 태어났고 자라 왔느냐를 살펴봄으로써, 그것들을 한층 깊이 이해하고 싶다고 생각했기 때문이다.

말하자면, 교육적인 면에서 과학사가 매우 큰 효용을 갖고 있다는 점에 대해서는 아무도 이견이 없으리라고 생각한다. 그런 효용을 십분 발휘하게 하려면 제임스 코넌트(「상식에서 과학으로」)가 강조하듯이 과학 일반이나 개별 과학의 발전을 그저 연대적으로 쫓아가는 통사보다는 오히려 개개 문제나 사건, 인물 등에 초점을 맞추어 깊이 파내려 가는 개별 역사 쪽이 중요하다.

그러나 나는 자기 나름의 공부를 차곡차곡 진행해 오는 동안 그런 개별 역사 중에서도 잘못된 학설, 실패한 이론, 헛된 실험 등 말하자면 정상적인 과학에서는 무시되거나, 표면적으로만 슬쩍 스치고 지나갈 뿐인 그런 주제를 철저하게 조사하는 일이 성공한 케이스를 조사하는 것과 마찬가지로, 아니 때로는 그 이상으로 교육적으로는 큰 가치가 있다고 믿게 되었다.

즉 오류나 실패에 초점을 맞춤으로써 성공한 학설이나 이론의 내용을 다른 각도에서 한층 더 깊게 이해할 수 있을 것이다. 또한 실패를 이겨내는 과정 속에서 과학에 대한 태도나 사고를 보다 구체적으로 살펴볼 수 있을 것이다.

또 그 속에서 방황하고, 고민하고, 궁리해 나가는 과학자들의 드라마를 통해 가까워지기 어려운 과학을 더욱 친숙하게 느낄 수 있을 것이다.

이 책은 위와 같은 문제의식을 가지고, 내가 오랫동안 과학사를 공부해 오는 동안 주워 모은 에피소드 중에서 특히 중요하고 재미있다고 생각되는 것을 골라서 정리한 것이다. 역사적으로는 잘 알려진 케이스가 대부분인데 정상적인 과학통사나 백과사전류에서는 표면적으로 밖에 다뤄지지 않은 것이 많다. 그런 만큼 흥미 있게 읽어 주리라 믿는다.

이 책의 구성은 차례에 보인대로지만 몇 가지 덧붙일 것이 있다.

1장은 특히 소년층 대상의 과학도서 등에서 과학자의 업적이 훈화적으로 이용될 경우 도덕적인 면을 강조하는 경향이 있다. 그러나 세상은 그렇게 깨끗하고 아름답게만 일이 처리될 턱이 없다(이것은 물론 과학자의 경우에 한하는 것은 아니지만)는 것을 지적하려는 목적이 있다.

4장에 관해서는 유명한 파스퇴르의 「기회는 잘 준비된 정신밖에는 혜택을 안겨주지 않는다」는 말을 상기해 주기 바란다. 뜻하지 않은 발명, 발견이라 하더라도 아무것도 없는 데서 갑자기 무엇이 툭 튀어나오는 것은 아니며, 그 전에 열심히 고민하고 조사한 결과이다. 그렇지 않으면 그냥 놓쳤을지도 모를 힌트를 잘 파악한 것이다. 착실한 연구의 축적이야말로 가장 소중하다는 교훈은 아무리 되풀이하더라도 다할 수는 없을 것이다.

8, 9장에서는 서양과 일본의 미신을 몇 가지 들어 보았다. 이것들은 과학의 이론이나 개념을 이해하는 데는 직접 도움이 되지 않을지도 모르지만, 말하자면 비과학적인 것에 초점을 맞춤으로써 역광 형식으로 과학적인 사물의 관찰이나 방법을 부각시킬 수 있을 것이다.

사실상 이런 미신은 영영 없어져 버린 것도 아니며, 오늘날에도 살아남아 있고, 더 신형 미신도 계속해서 나타나고 있다. 따라서, 미신의 성립과정이나 밑바탕을 폭로함으로써 믿을 만한 근거가 없다는 것을 밝혀 보겠다. 이것이 미신박멸을 위한 하나의 근본원리가 된다면 다행일 것이다.

이렇게 많은 에피소드를 수집하고, 더구나 그중에서 과학적인 내용을 정확하고 알기 쉽게 설명하는 작업은 나 한 사람의 힘으로는 벅찬 느낌이었지만, 다행히도 책 끝에 든 신뢰할 수 있는 자료 덕분에(역자주: 주로 일본 서적이 많아서 이 책에서는 생략) 만족스러운 결과를 낼 수 있었다. 다만 지면이 한정되었기 때문에 좀 더 자세히 썼으면 싶은 곳도 꽤 있었고, 또 일본 관계의 주제는 나 자신의 사정도 있어서 몇 가지밖에 모을 수가 없었다는 것은 유감이다.

이 책이 과학을 공부하는 젊은이들이나 과학에 관심을 갖는 사회인 여러분에게 참고와 자극이 되고, 또 교육에 종사하시는 선생님들에게 교재의 보충이나 이야기의 밑천이 되기를 진심으로 바라는 바이다.

이찌바 야스오(市場泰男)

차례

1. 과학사의 잘못된 상식

—사실은 어땠는가?

와트의 작업장

1. 갈릴레오는 피사의 사탑에서 정말 낙체 실험을 했는가?

이탈리아의 갈릴레오 갈릴레이(1564~1642)는 근대 과학의 아버지라고 불린다(그림 1-1).

그 무렵까지도 학문의 세계에서는 그리스의 대철학자 아리스토텔레스의 학설이 절대적인 권위가 있어, 과학자들조차 어떤 것이 옳으냐 틀렸느냐를 아리스토텔레스가 쓴 책에 어떻게 써져있느냐에 따라 결정할 정도였다. 갈릴레오는 그런 풍조에 반항하여 자신의 관찰이나 실험을 바탕으로 하여 판단하는 올바른 과학의 방법을 수립했다. 그러기 위한 수단으로서 그는 특히 「물체는 무거운 것일수록 빨리 떨어진다」는 아리스토텔레스의 주장을 골라, 이것에 정면으로 맞서기로 했다.

1590년 어느 날 피사대학의 강사 갈릴레오는 유명한 피사의 사탑 7층 발코니(높이 30m 이상 되는)에서 무거운 것과 가벼운 두 금속공을 동시에 떨어뜨렸다. 아래에는 피사대학의 교수, 학생을 비롯한 인산인해를 이룬 군중들이 지켜보았다. 모두가 아리스토텔레스가 말한 대로 무거운 것이 먼저 떨어질 것이라고 생각했다. 두 구슬은 동시에 떨어졌고, 떨어지는 소리가 하나 밖에 들리지 않았으므로 모두 몹시 놀랐다(그림 1-2).

이 이야기는 참으로 유명하지만 여러 가지 증거로 현재는 실제 있었던 일이 아니고 꾸며낸 이야기라고 되어 있다.

무엇보다도 먼저 이런 사건이 정말로 있었다면 대단한 반향을 불러일으켰을 것이 틀림없는데, 당시의 기록을 아무리 뒤져보아도 이와 비슷한 것을 찾을 수 없다. 갈릴레오 자신의 저서에조차 한 마디 언급이 없다.

실은 갈릴레오는 일부러 실험할 필요가 없었다. 그는 논증

〈그림 1-1〉 장년 시절의 갈릴레오. 「성계의 사자」(1610)(왼쪽)
〈그림 1-2〉 피사의 사탑(오른쪽)

만으로도 아리스토텔레스의 주장이 그릇되었다는 것을 증명하였다.

가령 무거운 것일수록 빨리 떨어진다고 가정하자. 무거운 것과 가벼운 것을 끈으로 매어 떨어뜨리면 어떻게 될까. 무거운 것이 빨리 떨어지려고 해도 가벼운 것이 뒤에서 잡아당기므로 단독일 경우보다 느리게 떨어질 것이다. 반면 무거운 것에 가벼운 것의 무게가 더해진다고 생각하면 그만큼 무거울 터이므로 단독일 때보다 빠르게 떨어질 것이다.

똑같은 하나의 가정에서 전혀 모순되는 결론이 두 가지나 나왔다. 이것은 처음 가정이 틀렸다는 증거다. 따라서 무거운 것이나 가벼운 것도 똑같은 속도로 떨어져야 한다.

실제로 두 개의 납공을 2층 창문에서 떨어뜨려 동시에 지면에 닿는 것을 확인한 사람이 있었다. 네덜란드의 시몬 스테빈인데, 1587년의 일이다. 그러나 갈릴레오는 이 사실을 몰랐다. 갈릴레오의 공개 실험 이야기는 만년의 제자 비비아니가 쓴 『갈릴레오전』(1654)에 처음으로 나타나는데, 아무래도 비비아니가 자기 스승을 존경하는 나머지 다른 사람의 업적을 갈릴레오의 것으로 만들어버린 것 같다.

2. 갈릴레오는 종교 재판에서 정말로 「그래도 지구는 움직인다」고 말했는가?

갈릴레오는 1633년 로마의 종교 재판소에서 호출되었다. 그보다 1년 전에 출판한 「프톨레마이오스와 코페르니쿠스의 두 대우주체계에 관한 대화」(줄여서 「두 대화」라고 한다)에서 교묘하게 기술되었지만, 실은 폴란드의 천문학자 코페르니쿠스(1473~1543)가 주장한 태양중심설을 지지하였다는 것이 그의 혐의였다.

그때까지 대개의 사람들은 지구가 우주의 중심에 있고, 모든 천체는 지구의 주위를 돈다는 지구중심설을 믿었다. 태양중심설은 태양이 우주의 중심에 있으며 지구도 다른 행성과 더불어 그 주위를 돈다고 하는 오늘날의 과학에서 본다면 보다 올바른 사고방식이다. 그런데 카톨릭 교회는 태양중심설은 성서에 쓰인 것과 모순되므로 이단적인 위험한 견해라고 했다.

교회 측 주장에 따르면 이보다 17년 전인 1616년에 갈릴레오는 추기경회에 호출되어 태양중심설을 지지하거나 가르치지 말라는 경고를 받았고, 그에 따르겠다고 서약했다. 그 경위를 기록한 문서가 아직 남아 있다고 한다.

아무것도 모르고 한 일이라면 몰라도 서약까지 했으면서도

〈그림 1-3〉 종교 재판의 판결에 따라 선서하는 갈릴레오

다시 저지른 죄는 무겁다는 것이었다. 그러나 이 문서는 그를 모함하기 위해 조작된 것이라는 주장이 유력하며, 그는 이 때 코페르니쿠스의 저서가 교회에서 읽지 못하게 금지된 금서 목록에 실려 있다는(그러니까 카톨릭 교도가 읽어서는 안 된다는) 것을 통고받은 데 지나지 않았다고 한다.

그런 까닭으로 재판소의 추궁도 엄했고 혐의사실을 인정하지 않겠다면 고문을 하겠다고 협박했다. 이미 나이가 70이나 되었고, 병으로 심신이 극도로 쇠약한 갈릴레오는 결국 본의 아니게 재판소에 굴복하여 자기 죄를 인정했다(그림 1-3).

1633년 6월 22일 로마의 어느 수도원에서 판결이 내려졌다. 갈릴레오는 부정기의 금고형이 선고된 후 둘러앉은 재판관들 앞에서 성서에 손을 얹으며 무릎을 꿇고, 앞으로는 태양중심설을 신봉하거나 말하거나 가르치지 않겠다는 엄숙한 선서를 했다.

그러나 선서를 마치고 일어선 갈릴레오는 과학자로서의 양심에 가책에 견디다 못해 이렇게 중얼거렸다고 한다.

"그래도 역시 지구는 움직입니다."

갈릴레오의 진리를 사랑하는 마음과 용기를 생생하게 보여주는 이 에피소드는 너무나 유명하지만 유감스럽게도 사실이 아니다. 만약 그가 정말 그렇게 말했다면 재판소는 법정 모욕행위로 당장 그를 체포하고 더 심한 형벌을 가했을 것이 틀림없다. 그런데 그에게 대한 판결은 금고형이었고, 실제는 이틀 동안 구금되었다가 풀려나와 얼마 후 자택으로 돌아갈 수 있게 허가될 정도의 가벼운 것이었다. 병으로 쇠약한 데다 고문을 하겠다는 협박을 당해 굴복한 70노인에게서 그런 용기를 바란다는 것은 무리일 것이다.

그러나 재판이 끝나고 친구 집에서 쉬게 되었을 때 한시름 놓은 갈릴레오가 그런 말을 중얼거렸으리라는 것은 생각할 수 있겠고, 그것을 간접적으로 뒷받침하는 증거도 20세기에 들어와 발견되었다. 아마 그런 사사로운 대화가 어느 틈엔가 법정에서의 용기 있는 발언으로 바뀌졌을 것이다.

철학자 버트런드 러셀은 이렇게 말하였다.

"선서를 읽은 다음 갈릴레오가 그래도 역시 지구는 움직이고 있다고 중얼거렸다는 것은 사실이 아니다. 그 말을 중얼거린 것은 갈릴레오가 아니라 세계였다."

그러나 갈릴레오는 교회에 완전 굴복한 것은 아니었다. 그는 그 후 죽을 때까지 자택에 감금되어 끝내는 장님이 되었지만, 1636년 마지막 대저술 『두 새 과학에 관한 논의와 수학적 논증』을 완성했다.

이 책은 출판이 자유로운 프로테스탄트(개신교)의 나라 네덜란드에서 1638년에 간행되었다. 이것은 근대과학의 기초를 확립한 책으로서 역사상 불멸의 빛을 비춰주었다.

3. 소년 와트는 정말로 주전자의 김에서 증기기관을 착상했는가?

제임스 와트(1736~1819)의 이름은 영국의 산업혁명에서 기술면의 주역으로 영구히 빛난다. 흔히 와트를 증기기관의 발명자라고 하는 사람이 있는데 이것은 잘못이다. 와트보다 먼저 증기를 이용한 동력기관을 연구한 사람이 많았고, 그중에서 토머스 뉴커먼(1664~1729)이 발명한 것은 와트의 증기기관이 세상에 나오기 50년 전부터 광산에서 지하수를 퍼내는 데에 널리 실용화되고 있었다. 그런데 와트와 주전자의 전설이 널리 알려진 것이다. 다만 이 이야기가 처음 나온 것은 와트의 소년 시절에서 50년 이상이나 지난 뒤의 일이었다.

어느 날 밤, 소년 와트는 미혼인 고모 뮤어헤드 양과 차를 마셨다. 그때 고모는 소년을 이렇게 야단쳤다.

> "제임스야, 너만큼 게으른 아이도 처음 보겠구나. 어쩌자고 한 시간 동안이나 한 마디 없이 주전자 뚜껑만 들었다 놓았다 하니? 찻잔이나 숟가락을 김 위에 얹어 김이 뿜어나는 것을 쳐다보거나, 김에서 나온 숟가락에 묻은 물방울을 헤아리고 있으니 말이다. 그런 일로 시간을 낭비하다니 부끄럽지도 않니? 하다못해 책을 읽든지 무슨 쓸모 있는 일을 하면 어떠니?"

다른 이야기에 따르면 와트는 주전자 주둥이를 틀어막아 증기가 빠져나가지 못하게 한즉, 증기가 주전자 뚜껑을 치켜 올리더라는 것을 처음 깨달았다고도 한다.

이리하여 와트는 증기가 얼마나 엄청난 힘을 가졌는가를 알게 되고, 그 힘을 실용화해 보려고 연구를 거듭하여 끝내는 뛰어난 증기기관을 생각해 냈다고 한다.

그러나 이것은 역사적 사실과 부합되지 않는다. 와트가 증기기관에 손을 대게 된 것은 1763년 글래스고대학에 있던 뉴커먼의 증기기관 모형이 고장 난 것을 수리하라는 명령을 받은 것이 계기였다. 그는 금방 고장 난 것을 수리했는데 이로 인해 증기기관에 흥미를 갖고 더 효율적인 좋은 기관을 만들 수 없을까 연구했다. 그리하여 고생 끝에 훌륭한 증기기관을 만들어 산업혁명, 나아가서는 오늘날 기계문명의 토대를 쌓았다.

하지만 단순하게 증기의 힘이 크다는 것을 안 정도로는 이런 큰일의 출발점이 될 것 같지 않다. 소년 와트의 에피소드가 실제로 있었던 일인지 모르지만 소년에게 흔히 볼 수 있는 단순한 호기심이었고, 나중에 와트가 한 일과는 본질적으로 연관이 없는 것으로 보는 것이 타당할 것이다.

또 재미있는 일은 똑같은 에피소드가 증기기관의 연구자 2대 우스터 후작(본명 에드워드 서머셋, 1601~1667)과 토머스 뉴커먼에게도 있다는 일이다.

4. 풀턴은 정말 기선을 발명했는가?

1807년 8월 27일 로버트 풀턴(1765~1815)이 만든 증기선 클러먼트호는 뉴욕항 밖으로 조용히 미끄러져 나가기 시작했다. 길이 40.5m의 선체 양 옆에는 두 개의 외륜(外輪)이 힘차게 물을 휘젓고, 굴뚝에서는 검은 여기를 뿜으면서 허드슨 강을 시속 8㎞의 속도로 거슬러 올라갔다. 강기슭을 메운 수천 명의 군중들은 넋을 잃고 지켜봤다. 그중에는 어제까지만 해도 풀턴을 미친 사람이라고 비웃던 사람들도 끼어 있었다.

클러먼트호는 32시간이 걸려 뉴욕에서 240㎞나 상류에 있는 올버니에 도착했다. 이 항행의 성공으로 기선의 힘이 굉장하다는 것이 사람들 마음에 깊이 새겨졌다. 기선시대의 막이 올려진 것이다.

많은 사람들은 이 클러먼트호야말로 세계 최초의 기선이라고 생각하고, 따라서 클러먼트호를 만든 풀턴이 기선의 발명자라고 믿고 있다. 그러나 이것은 잘못이다. 1807년보다 전에 이미 증기의 힘으로 움직이는 배를 만들어 달리게 한 사람이 유럽과 미국 각국에서 모두 열 명 가까이나 되었다.

클러먼트호는 말하자면 그 선구자들이 연구와 체험을 집대성한 것이며, 그런 만큼 크기도 크고 성능도 우수했다. 또 선구자들의 업적은 세상 사람들에게 인정받지 못한 데 비해 클러먼트호가 나올 무렵에는 경제활동도 활발해졌고, 기선의 필요성과 효용이 인정받기 쉬운 정세가 되었는 데다 풀턴의 교묘한 선전에도 힘입어 이렇게 화려한 성공을 거둘 수 있었다.

그렇다면 정말 기선을 발명한 사람은 과연 누구일까. 이것은 현재에도 결말이 나있지 않았다. 그러나 가장 유력한 후보자는 미국의 존 피치(1743~1798)일 것이다.

그는 학교 교육도 받지 못하고 시계공, 측량사로 각지를 전전하다가 델라웨어 강기슭의 워민스터에 정착해서 기선연구를 시작했다. 고심 끝에 1787년 여름, 셋이 한 조로 된 긴 노를 배 양 옆에 한 벌씩 달고 증기기관으로 돌려 카누처럼 물을 휘

〈그림 1-4〉 피치의 증기선(1787년)

젔고 나가는 배를 만들었다(그림 1-4).

피치는 개량을 거듭해서 새로운 대형 기선을 만들었고 출자자를 모집하여 델라웨어 강의 정기 항로를 개통했다. 1790년 여름에 이 배는 필라델피아와 배링턴 사이를 왕복하며 상당수의 승객을 실어날랐다. 이 배는 클러먼트호보다 17년이나 앞서 만들어졌으며, 속력도 평균 시속 12㎞로 클러먼트호보다 빨랐다. 그러나 이 정기 운항은 결국 큰 적자를 보았고 출자자들은 손을 떼고 말았다. 피치는 가난 속에서도 연구를 계속했지만 아무 성과도 없이 끝내는 수면제를 먹고 자살하고 말았다.

5. 스티븐슨은 정말로 증기기관차를 발명했는가?

증기기관차의 발명자가 누구냐고 묻는다면 사람들은 대게 조지 스티븐슨(1781~1848)을 든다. 그러나 풀턴이 기선의 발명자가 아닌 것처럼 증기기관차를 처음 만든 사람도 스티븐슨이 아니다. 확실히 스티븐슨은 증기기관차에 여러 가지 개량을 가하고 근대적 기관차의 바탕을 만들었다. 또한 스톡턴—달링턴 간의 철도(1825년 개통)와 리버풀—맨체스터 간의 철도(1830년 개통)건설에 참여하여 철도사업의 폭발적 발전에 기여했다. 그런 의미에서 그를 철도의 아버지라고 부르는 것은 좋지만, 그가 증기기관차의 발명자는 아니었다.

증기기관차의 발명자는 리처드 트레비식(1771~1833)이다. 트레비식은 샘물처럼 솟아오르는 아이디어를 가진 천재적 발명가였지만 한 가지 발명을 착실하게 대성시키지 못했고, 또 자기 발명을 사업화하는 경영적 재능이 부족했다. 그 때문에 스티븐슨처럼 후세에 이름을 남기지 못했다.

트레비식은 스티븐슨과 마찬가지로 광산의 펌프용 증기기관의 기사로서 경험을 쌓았다. 그 결과 증기기관을 탈것에 이용하는 데는 와트가 손을 대지 않았던 고압증기를 이용하는 것이 좋다는 것을 알았다.

그는 고심 끝에 1801년 사람이 타고 도로를 달리는 증기기관차를 완성했다(그림 1-5). 그해 크리스마스 날 밤 몇몇 친구와 함께 이 기관차를 타고 고갯길을 반마일쯤 달렸다. 그러나 이 증기기관차는 며칠 후 실수 때문에 불타버리고 말았다.

트레비식은 1803년 증기기관차 2호를 만들어 런던에서 공개전시회를 가졌다. 대단한 반향을 불러 일으켰으나, 운전을 잘못해 민가의 담장을 부셔버렸기 때문에, 전시 운전은 중지 당했다.

이듬해 남부 웰스의 제철업자를 위해 만든 증기기관차는 홈이 파진 레일 위를 합계 25t의 짐을 실은 4량의 화차를 끌고

〈그림 1-5〉 트레비식의 최초의 도로 증기기관차(1801년)

시속 4마일로 10마일 가까이 달렸다. 이것은 스티븐슨이 만든 최초의 기관차보다 9년이나 앞선 일이었다.

1808년, 그가 만든 새 증기기관차는 런던에서 지름 약 30m의 원형레일 위를 달렸다. 크게 소문이 나서 몇천 명의 손님이 1실링의 요금을 내고 탔는데, 어느 날 전복하여 형편없이 부서졌다. 증기기관차는 위험한 것이라는 낙인이 찍혀 사람들은 다시 거들떠보지 않게 되었다.

트레비식은 그 후 남아메리카로 건너가 페루의 광산에 증기기관을 설치하는 일에 종사하였으나 모두 실패하고, 고향의 빈민 지구에 있는 구제 시설에서 보호를 받다가 죽었다.

6. 노벨은 정말 살인병기 개발에 반대했는가?

"노벨은 안전한 폭약인 다이너마이트를 발명하여 세상에 이익을 가져오게 하였고, 자신도 갑부가 되었지만 자기 뜻에 반해서 다이너마이트가 전쟁에 쓰이게 되었으므로 크게 슬퍼했다. 그를 보상하기 위해 전쟁을 없애고 평화에 도움이 되고자 유언으로 전 재산을 기부하여 노벨상을 만들게 했다."

흔히 이렇게 말하는데 여기에는 큰 잘못이 두 가지 있다. 하나는 다이너마이트가 병기로 사용되었다는 것, 또 하나는 그것이 노벨의 「뜻에 반해서」라는 것이다.

알프레드 노벨(1833~1896)은 아버지 대부터 화약 생산에 종사하여 처음에는 액체폭약 니트로글리세린을 만들었다. 그런데 이 폭약을 조금만 흔들거나 두들기면 폭발해 극히 위험했다. 실제 노벨의 공장에서도 몇 번이나 폭발이 일어나 1864년에는 동생 에밀이 죽었고, 1866년 전반에는 오스트레일리아, 미국, 독일에 있던 공장과 창고에 잇따라 폭발사고가 나서 온 세계가 떠들썩했다.

노벨은 사업을 계속해 나가기 위해서 어떻게든지 좀 더 안전한 폭약을 만들어야 할 필요성을 느꼈다. 그리하여 고심 끝에 니트로글리세린을 규조토에 삼투시킨 폭약을 발명하여 1867년 특허를 땄다. 이것이 다이너마이트인데 흔들거나 두들기거나, 설사 불을 붙여도 전혀 반응이 없고 뇌관(이것도 노벨의 발명)을 쓰지 않으면 폭발시킬 수 없다. 토목, 건설, 광산 등의 분야에서 크게 환영을 받아 노벨은 금방 세계 굴지의 재벌이 되었다.

그러나 이렇게 둔감한 폭약은 병기로는 쓸 수 없었다. 포대나 토치카를 폭파하는 데 사용되는 것이 고작이었다.

그리하여 그 후 노벨은 적극적으로 군용 화약의 개발에 힘을 쏟았다. 1887년에 발명한 무연 화약은 총포, 기뢰 폭탄 등 무엇에든지 쓸 수 있어 종래의 전술을 크게 변화시킬 만한 것이었다. 노벨은 이 우수한 군용 화약을 대량으로 생산하여 세계 각국에 팔았다.

이 행위는 평화주의와는 완전히 역행하는 것같이 보이는데, 노벨 자신은 그렇게 생각하지 않았다.

그가 평생 전생을 미워하고 평화를 갈망한 것은 거짓이 아니었다. 그러나 평화를 달성하는 수단으로 그는 군비 축소나 조약으로는 효과가 없다고 생각했다.

"무엇이든 모조리 부숴버릴 가공할 힘을 가진 물질이나 기계를 만들고 싶다. 그것으로 적과 우군이 1초 동안에 서로 상대방을 말살할 수 있게 된다면, 모든 문명국은 공포를 느낀 나머지 전쟁을 외면하고 군대를 해산할 것이다."

즉 노벨의 견해는 살상 효과가 큰 병기를 개발하면 할수록 평화가 올 수 있다는 역설을 담고 있었다.

7. 에디슨은 정말 얻어맞아서 귀머거리가 됐는가?

발명왕 토머스 에디슨(1847~1931)에게 얽힌 에피소드나 전설은 엄청나게 많고, 그 중에는 사실이 아닌 것도 많다. 왜냐하면 기억이 희미했거나 잘못된 일을 에디슨 자신도 그러려니 하고 믿었기 때문이기도 하다.

에디슨이 소년시절에 귀가 먼 이야기도 그런 일화 중 하나다. 그는 12세 때부터 집이 있는 포트휴런과 디트로이트 사이를 왕복하는 기차 안에서 신문이나 음식물을 팔아 살림을 도우면서 실험비와 용돈을 마련했다. 아무도 쓰지 않던 흡연실에 약품과 화학 기구를 두고 신문을 팔고 나면 거기서 실험에 골몰했다.

흔히 듣는 이야기에 다르면 어느 날 골똘히 실험을 하던 중, 기차가 갑자기 기우뚱하며 물에 백린을 채워두었던 항아리가 선반에서 떨어졌다. 항아리가 깨지자 백린이 공기 때문에 발화해서 일대는 불바다가 되었다. 차장 스티븐슨이 허겁지겁 달려와 불은 껐지만 화가 난 그가 주먹으로 몇 차례 에디슨을 때렸다. 귀를 맞아 고막이 터진 에디슨은 귀가 들리지 않게 되었다. 기차가 다음 역에 닿자 차장은 에디슨을 차 밖으로 내동댕이치고 실험도구와 약품도 모조리 차 밖으로 내던졌다.

그런데 에디슨 자신에 따르면 이 이야기는 정반대다.

> "어느 날 나는 기차에 늦어 양팔에 신문을 가득 안은 채 달리는 기차 계단에 간신히 매달렸다. 그러나 힘이 모자라 질질 끌려가기 시작했다. 당황한 차장이 엉겁결에 내 귀를 잡았다. 그대로 억지로 끌어 올렸다. 그 때 귀 속에서 탁하는 소리가 났고 목숨은 건졌지만 대신 내 귀는 들리지 않게 되었다."

즉 차장은 심술궂은 사람이 아니라 생명의 은인이었으므로 그 후에도 계속 가까이 지냈다고 그는 말했다. 기차 안에서 불을 내고 실험도구를 모조리 없애버리라는 명령을 받은 것은 1862년경에 실제 있었던 일이었지만, 그가 귀머거리가 된 사건은 그보다 2년 전이었다고 한다.

그러나 에디슨의 귀는 훨씬 전부터 나빴던 모양이다. 그는 태어난 지 얼마 안 돼서 심한 성홍열을 앓아 고열이 났다. 가까스로 병은 나았지만 그의 귀는 잘 들리지 않게 되었다고 한다.

에디슨은 8세 때부터 가까운 초등학교에 다녔지만 선생님의 말씀도 잘 듣지 않았고, 이해도 못한다고 해서 "네 머리는 썩

었어"라는 핀잔을 듣자 학교를 그만두고 어머니에게서 교육을 받게 되었다. 이것도 유명한 에피소드지만 아마 그가 잘 듣지 못한다는 것을 선생님이나 주위 사람도(어쩌면 자신도) 몰랐던 것이 아닐까.

8. 섭씨온도 눈금은 정말로 셀시우스가 고안했는가?

온도와 온도계의 연구는 갈릴레오의 시대부터 활발하였으나 과학자들은 제각기 자기 나름의 눈금을 사용하였으므로 서로 비교할 수 없었다. 18세기 초가 되자 온도 눈금을 통일하자는 의견이 많아져 몇 가지 시도가 잇따라 발표되었다.

최초의 것은 독일의 기상기계제작자 G. D. 파렌하이트(1686~1736)가 1714년에 고안한 눈금이었다. 우리나라에서는 파렌하이트의 중국식 번역인 화륜해특(華倫海特)의 머리글자를 따서 화씨라고 한다. 그는 염화암모늄과 물과 얼음을 섞은 것(한제의 일종)의 온도를 가장 낮은 온도라고 하여 0°로 정하고, 얼음이 녹는 온도를 32°, 입속의 온도를 96°로 정했다. 나중에 이 눈금에 의한 물의 끓는점이 212°나 된다는 것을 알게 되어 이것과 어는점인 32°가 온도정점(溫度定點)으로 채용되었다.

화씨온도는 주로 영국, 미국에서 사용되고 있다.

다음으로 프랑스의 레오뮈르(1683~1757)는 물의 어는점을 0°, 끓는점을 80°로 하는 눈금을 1730년에 발표했다. 이것을 열(列)씨라고 한다. 이 80°라는 숫자는 알콜을 사용한 온도계인데 어는점인 때의 알콜의 부피를 1,000으로 하면 끓는점에서 1,080이 된다는 것에서 유래한다.

오늘날 영미 이외에서 널리 사용되는 것은 섭씨온도 눈금인데, 이것은 스웨덴의 안데르스 셀시우스(1701~1744)의 중국식 번역인 섭이수사(攝爾修斯)의 머리글자를 딴 것이다. 셀시우스는 물의 어는점과 끓는점 사이를 100등분한 눈금을 1742년에 제안했는데 현재의 것과는 반대로 어는점을 100°, 끓는점을 0°로 정했다.

그러나 이렇게 하면 불편하다는 것을 곧 알게 되었다. J. P. 크리스텐(1683~1755)은 이듬해 1743년에 숫자를 거꾸로 배열했고, 이명법(二名法)으로 유명한 박물학자 린네(1707~1778)도 1745년에는 거꾸로 된 눈금을 기입한 한란계를 썼다는 것이 확인되었다. 린네는 편지에 "어는점을 0°, 끓는점을 100°로 하는 온도계를 고안한 것은 내가 처음이다"라고 썼다.

이런 눈금을 새긴 온도계는 이미 1710년에 고안되어 1737년에 쓰였다는 설도 있다. 이 때문에 특히 영미에서는 셀시우스를 섭씨 눈금의 고안자로 인정하지 않았다. 섭씨눈금의 기호는 ℃로 쓰는데 C는 셀시우스의 머리글자임이 일반적 견해지만 영미에서는 이것은 Centigrade(100분 눈금)의 머리글자라고 말해 왔다. 그러나 해석이 서로 다르면 불편하므로 1948년에 영미도 타협해서 셀시우스의 머리글자라고 해석을 통일하여 쓰기로 했다.

1967년부터 어는점을 0℃로 하는 대신 물의 삼중점(三重點: 물과 얼음과 수증기가 평형상태에서 공존하는 온도. 공기는 닿지 않는다)을 0.01°로 바꾸었다. 그러나 실제로는 본래의 눈금과 다름이 없다.

9. 노구치는 정말로 황열병 병원체를 발견했는가?

황열병의 병원체 발견자는 일본의 노구치 히데요(野口英世, 1876~1928)라고 말한다.

노구치는 일본의 교육상 최고의 이상적인 인간상으로 추대되고 그의 전기는 어린이들 사이에서도 가장 인기가 높다. 일본 규슈(九州) 후쿠시마현(福島縣)의 가난한 농가에서 태어난 그는 어릴 적에 화상을 입어 한 손을 못 쓰게 되었는데도 굴하지 않고 초등학교의 은사, 주위의 의사 등으로부터 따뜻한 보살핌과 지도를 받아 열심히 공부하여, 1900년 미국으로 건너가 드디어 세계적인 세균학자가 되었다. 이 이야기는 사람들의 심금을 울리고, 청소년에게 용기를 북돋아주는 본보기라고 한다.

그러나 노구치의 모든 행실이 도덕 교과서에 나오는 것 같았던 것은 아니다. 머리가 좋고 노력가인 반면, 이기적이었고 자기선전에 뛰어나며 젊었을 적에는 낭비벽도 심했다고 한다.

노구치가 이룩한 주요 업적으로는 뱀독의 연구, 매독의 병원체 스피로헤타의 순수배양(1911년, 여기에는 다소 문제도 있다) 마비성 치매, 척수로병으로 죽은 사람의 뇌와 척수에서 스피로헤타를 발견한 일(1913년), 황열병의 연구 등이 있다. 황열병은 노구치 자신이 이 병에 걸려 죽었기 때문에 잘 알려져 있다. 그러나 노구치가 황열병의 병원체를 발견했다고 쓰인 책이 많은데 그것은 잘못된 사실이다.

황열병은 중남아메리카나 아프리카에 생기는 무서운 전염병으로 모기가 매개하는 것으로 알려졌다. 1918년에 노구치는 록펠러 의학 연구소로부터 황열병 조사단의 일원으로 에콰도르에 파견되자 두 달 만에 환자의 몸에서 렙토스피라라는 미생물을 발견하여 그것이 황열병의 병원체라고 발표했다. 에코도르 정부는 크게 감사하여 그에게 육군 군의감 명예 대령의 칭호를 주고 크게 잔치까지 벌였다.

그러나 황열병의 병원체는 렙토스피라보다 더 작고, 도자기로 만든 여과기도 빠져나가는 바이러스 같다는 설도 이미 있었고, 게다가 노구치가 발견한 것은 와일병의 병원체가 아닌가 하는 반론이 곳곳에서 제기되었다. 노구치는 자신의 주장이 옳다고 거듭 주장했다. 그러나 결국 미국에서 황열병의 병원체가 바이러스라는 것이 결정적으로 증명되었다.

노구치는 최후의 반증을 얻으려고 1927년 아프리카의 아크라에 가서 연구하다가 황열병에 걸려 죽었다. 그 무렵 그는 이미 자신의 주장이 틀렸다는 것을 알았다고 한다. 그가 절망에서 일부러 황열병에 걸려 죽은 일종의 자살이었다는 설마저 있다.

10. 물질은 무한히 분할할 수 있는가?

물체를 2, 4, 8, 16, 32, 64……라는 식으로 자꾸 잘게 쪼갠다면 어떻게 될까. 물론 실제 칼의 성능에도 한계가 있으므로 이 이상 더 쪼개려 해도 쪼갤 수 없는 데까지 다다르겠지만, 머릿속에서 이상적인 칼을 생각하고 어디까지나 계속 쪼개어 간다고 한다면 대체 어떻게 될까? 한계란 없는 것일까. 아니면 이제는 이 이상 더 쪼갤 수 없는 절대적인 최소 단위가 있을까. 한계가 없다고 하는 입장을 취하는 견해를 연속설, 한계가 있다고 하는 입장을 취하는 견해를 원자설이라고 한다.

고대 그리스에서 이 두 견해 사이에 화려한 논쟁이 벌어졌다. 연속설은 일상 경험에서도 겪고 있고, 또 논쟁에서도 유리했다. 어디까지나 쪼갤 수 있다고 하면 그만이었기 때문이다. 그러나 분할에 한계가 있다면 그 최소 단위가 어느 정도의 크기인지, 어떤 형태이며 어떤 운동을 하는지 등등의 의문에 대답해야만 했다. 그러나 그런 만큼 여러 가지 조건을 생각할 수 있고, 그에 의한 여러 현상도 그만큼 넓고 깊고 구체적으로 설명할 수 있게 된다.

원자설을 처음 주장한 것은 기원전 5세기의 레우키포스라고 하는데, 그것을 체계화한 것은 데모크리토스(B.C 460~370)다. 그에 따르면 원자는 지극히 작고 딱딱하며, 빛깔도 맛도 냄새도 없으며 크기와 형태, 무게는 물질에 따라 다르다. 우주는 광대한 진공이며 그 곳을 무수한 원자가 끊임없이 무질서하게 운동하고 있다. 이들 원자의 집합과 해체에 따라 모든 물체가 만들어지고 변화하며 유동한다.

이 원자설은 물질의 근원에 대해 그것을 물(탈레스), 공기(아낙시메데스), 불(헤라클레이토스), 흙의 4원소(엠페도클레스)에서 탄생한 그리스 자연철학의 마지막 절정을 이룬 것이라고 할 수 있다.

그러나 그리스 철학의 주류는 연속성을 취하고 원자설에 총공격을 가했다. 특히 진공의 존재를 부정함으로써 원자설의 기초를 무너뜨리기에 노력이 집중되었고,

"자연은 진공을 싫어한다"

가 표어처럼 이용되었다. 아리스토텔레스는

"진공 속에서는 모든 물체는 동일한 속도로 운동해야 하는데, 이것은 불가능하다. 그러므로 진공은 존재하지 않는다"

라고 주장했다. 원자설은 에피쿠로스학파 등 소수의 지지자를 얻었지만 아리스토텔레스의 절대적인 권위 때문에 그 후 줄곧 유럽에서는 무시되었다.

그러나 16세기에 접어들어 토리첼리, 파스칼, 귀리케들의 노력으로 진공의 존재가 실증됨에 따라 원자설이 되살아났다. 뉴턴이 나올 무렵에는 물리학자의 대다수가 원자설을 믿었으며, 19세기 초 돌턴에 의해 다시 화학 분야에 도입되어 오늘날 확고부동한 지위를 쌓게 되었다.

2. 대논쟁과 선두 다툼
—진실은 어떻게 발견되어 갔을까?

몽골피에의 2인승 열기구

11. 빛은 입자인가, 파동인가?

유클리드 기하학을 체계화한 유클리드는 광학(光學)에 대해서도 훌륭한 책을 썼는데, 어쩐 일인지 물체가 보이는 것은 눈이 광선을 보내 물체를 비치기 때문이라고 했다. 그러나 나중에는 반대로 광선은 눈과는 독립적으로 존재하는 것이며, 광선이 눈에 들어와 망막을 자극함으로써 물체가 보인다고 생각했다.

그러면 빛이란 무엇인가? 빛의 직진, 반사, 굴절 등의 현상이 설명되고, 또 빛의 속도가 유한한 것을 알게 되자 빛이란 무엇인가 공간을 나는 것이라고 밝혀졌다. 그것이 미립자라는 설과, 파동이라는 설이 대립하여 오랫동안 다투게 되고 승패가 되풀이되었다.

파동설의 선구자는 영국의 로버트 훅(1635~1703)인데 처음으로 체계화한 것은 네덜란드의 하위헌스(1629~1695)다. 하위헌스는 빛은 우주를 채우는 에테르의 파동이라고 하고, 파동의 전파 방법에 대해, 이른바 하위헌스의 원리를 주장했다 이 원리에 의하면 빛의 굴절과 파동은 잘 설명되지만 직진을 충분히 설명할 수 없었다. 또 1669년에 발견된 빙주석(氷柱石)의 복굴절도 완전하게 설명할 수 없었다. 그는 빛을 종파(매질의 진동 방향과 파의 진행 방향이 일치한다)라고 생각했기 때문이었다.

이것에 대해 아이작 뉴턴(1643~1727)은 입자설을 주장했다. 파동설로는 빛의 직진을 잘 설명할 수 없다고 생각하기 때문이었다. 입자설로도 반사, 굴절의 법칙은 충분히 설명되지만, 굴절율이 높은 매질 속에서는 빛의 속도가 빨라진다는 파동설과 정반대의 결론이 나왔다. 그러나 일부 현상은 단순한 입자설로는 잘 설명할 수 없어 고육지책으로 일종의 주기적 성질을 가

정했다.

물리학에서 뉴턴의 권위가 대단했으므로 그 후 약 100년 동안 입자설이 옳다고 여겨지고 파동설은 망각되었다.

파동설이 부활한 것은 영국의 토머스 영(1773~1829)과 프랑스의 오귀스탱 프레넬(1788~1827)의 노력에 의한다. 두 사람은 하위헌스와는 반대로 빛을 횡파(매질의 진동 방향은 파의 진행 방향에 직각)라 생각하고, 그에 따라 빛의 간섭, 회절, 편광 등을 완전하게 설명하고, 또 파의 파장이 극히 짧다는 것에서 직진성도 설명할 수 있었다. 입자설은 앞의 여러 현상을 설명할 수 없었고, 1850년에 푸코가 빛의 속도는 공기 속에서보다 물 속에서 느리다는 것을 증명하여 치명상이 되었다.

그러나 20세기에 접어들자 광전 효과, 콤프턴 효과 등, 빛을 입자라고 생각하지 않으면 설명할 수 없는 현상이 잇달아 발견되었다.

지금은 양자역학에 의해 빛은 실험 조건에 따라 때로는 파동의 성질을 보여주고, 때로는 입자의 성질을 보여준다고 설명되고 있다.

12. 미적분 발견자는 뉴턴인가, 라이프니츠인가?

우선권을 둘러싼 논쟁 중에서 이처럼 격렬하고 또 장기간에 걸친 예는 과학사상 달리 없다. 그러나 싸움에 불을 지른 것도, 부채질하여 도작 문제로까지 발전된 것도 실은 당사자들보다는 오히려 주위의 추종자들 때문이었다.

먼저 사실을 알아보자. 아이작 뉴턴 자신의 말에 따르면 미적분의 힌트를 얻은 것은 1666년 런던에 흑사병이 크게 유행하자 고향으로 피신했을 때라고 한다. 그러나 그의 미적분 체계 전체가 공식적으로 발표된 것은 70년이나 지난 1736년의 일이었다. 그의 저서 『프린키피아』(자연철학의 수학적 원리, 1686)에도 미적분은 사용되지 않았다. 그러나 1669년쯤부터 주위 친척들에게 그에 대한 개략을 말했다고 한다.

라이프니츠(1646~1716)와 뉴턴 사이의 서신 왕래는 1676년부터 시작되었다. 뉴턴의 첫 편지에

"6acc …… 4s9t 12vx"

라는 뜻 모를 기호가 쓰여 있었다. 이것은 그 당시에 유행하던 애너그램(수수께끼 문자)인데 잘 배열하면 라틴어로 「임의의 수의 유량(변수)를 포함하는 방정식이 주어졌을 때, 그 유율(미분계수)를 찾아내는 일 및 그 반대」가 된다고 한다.

이듬해인 1677년 라이프니츠는 뉴턴에게 대답을 썼는데 라이프니츠가 생각한 미분 방법이 dx, dy 등의 기호를 사용해 분명하게 기술되어 있었다. 뉴턴의 편지의 애너그램이 미적분을 뜻하는 것인지 아닌지 나중에 일어난 논쟁은 여기에 초점이 모아졌다.

라이프니츠는 1648년에 자신의 방법을 공표했다. 그 무렵 두 사람 사이는 좋았다. 논쟁의 불씨가 인 것은 1699년이다. 라이프니츠에게 적의를 품고 있던 스위스의 수학자 드 듀리에가 왕립학회에서 라이프니츠의 미적분은 뉴턴의 것을 도용한 것이라는 논문을 발표했다.

라이프니츠는 이에 항의를 했는데 경솔하게도 1705년에 뉴턴이야말로 도용했다는 의도의 글을 썼다. 이번에는 옥스퍼드

대학의 교수 존 케일이 분노해서 라이프니츠야말로 도용자라고 강경한 어조로 비난했다.

라이프니츠는 왕립학회에 케일의 발언을 취소시키라고 제소했다. 그런데 그 때의 학회장이 공교롭게도 바로 뉴턴이었다. 뉴턴이 이 때문에 조사위원회를 구성했는데, 1715년에 발표된 결론은 예상한 대로 『뉴턴이야말로 미적분의 최초의 발명자』라는 것이었다. 당사자 두 사람이 잇달아 죽은 뒤에도 영국과 독일의 논쟁은 오랫동안 격렬하게 계속되었다. 그러나 오늘날에는 두 사람은 각각 독립적으로 미적분을 발견했고, 발견은 뉴턴이 빨랐으나 발표는 라이프니츠가 빨랐다는 것이 정설로 되어 있다.

13. 암석은 물에서 생겼는가, 불에서 생겼는가?

18세기에 들어서자 유럽에서는 광산업이 매우 활발해지고, 많은 기술자가 필요하게 되었다. 그래서 1765년 오래전부터 광산업이 번창했던 남부 독일 작센의 프라이베르크에 광산 학교가 개설되고, 유럽 각지에서 유학생이 모여들었다. 여기서 특히 인기를 모은 것이 1775년부터 광산, 광물, 지질학을 가르친 아브라함 고틀로프 베르너(1749~1817)였다.

베르너는 독일과 체코슬로바키아에서 여행한 적밖에 없었고, 책도 거의 쓰지 않았지만 작센에 있는 모든 광산을 돌아다니면서 직접 광물을 관찰했다. 최대의 공적은 광물의 과학적 분류법을 확립한 일이다.

강의는 재밌고 유익했으므로 매우 많은 학생이 모여들었다. 또 그들이 졸업한 후에는 각지로 흩어져 베르너의 학풍을 전했다.

베르너는 또한 지각(地殼)의 성립에 대해서도 학설을 세웠는데 그리 뛰어난 것이라고는 할 수 없었다. 그는 지구는 원래 진흙이 섞인 거대한 물방울이었다고 생각하고, 그 진흙이 침전해서 지각을 형성했다고 생각했다. 즉 모든 암석은 물에서 생겼다는 것으로, 이 설을 수성론이라고 한다.

맨 처음에 화강암과 현무암이 침적해서 기반을 만들었고 다음에 석회암과 사암, 석탄 등이 퇴적되고 마지막에 침식이나 풍화에 의해 2차적으로 생긴 모래나 흙이 전체를 덮었다고 하였다.

그가 이와 같은 기묘한 설을 세운 것은 활화산이 전혀 없는 작센 지방만의 지식을 일반론에까지 확대해버렸기 때문인 것 같다. 더 광범위한 지역을 여행하고 관찰한 사람들로부터 반론이 나온 것은 당연하다. 그중에서도 가장 강력한 공격을 한 것은 영국의 제임스 허턴(1726~1797)이다.

허턴은 1785년에 의견을 발표하고 10년 후에 저서 「지구의 이론」을 냈다. 그에 따르면 지구 속에는 질펀질펀하게 녹은 것(지금은 마그마라고 부른다)이 있어, 그것이 이따금 흘러나와 식고 굳어져서 퇴적암(수성암)과는 성질이 전혀 다른 암석을 만든다. 화강암이나 현무암이 그것이다.

이 설을 베르너의 수성론에 반대되는 화성론이라고 한다. 그러나 모든 암석이 화성암이 아니고, 물의 침식과 퇴적에 의해 퇴적암이 형성된다는 점은 인정했다.

수성론자와 화성론자 사이에 맹렬한 논쟁이 계속되었다. 그러나 지질의 관찰이 깊어지고, 또 실험에 의한 지질연구가 진행됨에 따라 수성론의 기세가 차츰 꺾였다.

논쟁은 핵심으로 들어가 결국은 현무암이 퇴적암이냐 아니면 화성암이냐 하는 문제로 승부가 가려질 판국이 되었다. 물론 수성론자는 퇴적암이라고, 화성론자는 화성암이라 주장했다. 그러나 베르너에게 교육을 받았던 젊은 세대의 지질학들이 유럽이나 그 밖의 대륙을 지질학적으로 연구하는 동안에 현무암이 화성암이라는 것을 알게 되었다. 19세기 초에 수성론은 흔적을 감추었다.

14. 화합물의 질량의 비율은 일정한가, 변화하는가?

근대 화학의 아버지라고 불리는 라부아지에(1743~1794)가 원소의 개념을 밝히고 물질 불멸의 법칙을 확립하자 정량분석의 이론적 기초가 다져지고 분석 기술도 놀랄 만큼 진보했다. 그리하여 분석 중에 화합물의 조성이 그것을 만들었을 때의 조건에 관계없이 일정하다는 것(이것을 정비례의 법칙이라고 한다)이 암묵적으로 받아들여졌다.

이 정비례(正比例)의 법칙은 프랑스의 조세프 루이 프루스트(1754~1826)에 의해 1799년에 주장되었다.

그런데 당시 화학계의 거물이던 클로드 루이 베르톨레(1748~1822)가 이에 정면으로 반박했다. 그는 1803년에 발표한 「화학정력학(靜力學)론」에서 두 물질이 화합물을 만들 경우 그 결합의 질량비는 일정하지 않고, 만들어질 때의 조건에 따라 변화한다고 주장했다. 프루스트 또한 반박했고 이후 8년 동안에 걸쳐 학술잡지에서 불꽃 튀기는 논쟁이 되풀이되었다.

베르톨레는 자신의 주장의 근거로서 실험조건에 따라 조성이 연속적으로 변하는 화합물의 예를 차례로 들었다. 이를테면 황과 철의 화합물인 황화철, 주석과 산소의 화합물인 산화주석 등이다.

그러나 프루스트는 베르톨레가 든 화합물은 순수한 물질이 아니라 두 가지 화합물의 혼합이라는 것을 밝혔다. 이를테면 황화철의 경우 황화제일철(FeS)과 황화제이철(FeS_2)의 혼합물이다. 그리고 실험 조건에 따라 만들어지는 제일철과 제이철의 비율이 다르므로 전체를 평균한 철과 황의 비는 일정하지 않으며 연속적으로 변화한다. 산화주석의 경우도 마찬가지로 산화제일주석(SnO)와 산화제이주석(SnO_2)의 혼합물이다.

더욱이 프루스트는 산화제일주석에 다시 산소를 화합시켜 산화제이주석으로 하기 위해서는 일정량, 즉 21.3%의 산소를 사용해야 한다는 것을 증명했다. 즉 조성의 변화는 연속적이 아니라 비약적으로 행해진다는 것을 분명하게 했던 것이다.

그는 다시 이런 종류의 연구를 구리, 니켈, 안티모니 등의 화합물과 유기화합물에도 확대했다. 이들 노력에 의해 끝내 베르톨레의 견해가 오해였다는 것이 밝혀져 정비례의 법칙이 확립되었다. 그것은 돌턴의 원자론의 견고한 토대가 되었다.

지금은 우리의 상식으로 되어 있는 정비례의 법칙도 이와 같은 치열한 논쟁을 거쳐 태어난 것이다.

그러나 나중에 알게 된 일이지만, 베르톨레가 연구 대상으로 삼은 것은 실은 화학 조성의 문제라기보다는 화학 평형이나 질량 작용의 법칙에 관한 것이었다. 베르톨레의 설이 부정됨과 더불어 그 문제들의 싹마저 꺾이고 말았다. 그것이 다시 싹트게 된 것은 50년 가까이 지난 후였다.

15. 생물은 자연 발생하는가, 아닌가?

고대로 하등한 동물은 저절로 발생한다고 널리 믿어졌다. 이를테면 시체에서는 구더기가 생기고, 진흙에서는 벼룩이나 이가 생긴다고 했다. 이것을 자연발생설이라 한다.

중세가 되자 자연발생설은 종교와 결부되어 한층 광범하게 번져나갔다. 벨기에의 판 헬몬트(1580~1644)는 쥐도 자연 발생한다고 생각했다.

> "땀에 젖은 셔츠와 밀알을 항아리 속에 넣어두면 셔츠에서 생기는 습기가 밀에 작용해서 쥐가 된다"

고 하여 이런 방법으로 정말 쥐가 생겼다고 보고했다.

그러나 17세기에 접어들어 차츰 과학적인 관찰법이 생기자 자연발생설에 반대하는 의견이 나타났다. 혈액순환을 증명한 윌리엄 하비(1578~1657)는

> "모든 것은 알에서부터"

라는 표어를 내걸었으나, 네덜란드의 얀 수밤메르담(1637~1680)은 더 분명하게 어떤 하등 동물도 어미가 낳은 알에서 태어난다고 역설하고 매우 많은 예를 들었다.

그러나 실험적 방법에 의해 자연발생설에 결정적인 타격을 준 것은 이탈리아의 프란체츠코 레디(1626~1697)였다.

그는 1668년에 다음과 같은 실험 결과를 보고했다. 주둥이 큰 4개의 병에 각각 썩은 고기나 생선을 넣고 뚜껑을 닫아둔다. 따로 똑같은 4개의 병을 마련하여 뚜껑을 연 채로 둔다. 나중 것에는 파리가 드나들고, 이윽고 썩은 고기에는 구더기가 들끓지만 뚜껑을 닫은 병 속에는 구더기가 한 마리도 없었다.

보통 사람이라면 이 결과에 만족해서 실험도 그것으로 끝냈을지 모른다. 그러나 레디는 혹시나 해서 다시 한 번 실험을 반복했다. 뚜껑을 닫은 병속에 외기가 들어가지 못했으므로 그 때문에 구더기가 생기지 않았을지도 모르기 때문이다. 이번에는 병에 뚜껑을 닫지 않고 가제로 덮었다. 병 주위에는 파리가 윙윙 날며 어떻게든지 속으로 들어가려고 하고, 바깥쪽 가제 위에 알을 낳는 경우도 있었지만, 결국 썩은 고기에서는 한 마리의 구더기도 발생하지 않았다. 이 결과에서 구더기는 파리가 알을 슬지 않는 한 생겨나지 않는다는 것이 밝혀졌다.

그러나 그런 레디도 어떤 종류의 나뭇잎에 생기는 벌레혹만은 자연 발생하는 것이라고 믿었다. 1700년이 되어 이탈리아의 의학자 '안토니오 바리스티에리'는 벌레혹 속의 애벌레도 어미가 슬은 알에서 발생한다는 것을 밝혔다. 다른 연구자들은 모기, 벼룩, 이 등도 역시 동일하다는 것을 밝혔다.

이러한 이유로 자연발생설은 거의 일단락 되었다. 그런데 그 무렵 현미경을 사용하여 미생물이 발견되었다. 미생물은 무엇에서 태어나는가에 대한 문제를 둘러싸고 자연발생설이 다시 숨을 돌리게 되고, 논쟁이 다시 한 번 되풀이되게 된다(2장-18 참조).

16. 생물의 몸체는 알 속에서 완성되는가, 아닌가?

수밤메르담은 자연발생설을 부정하고 알의 중요성을 강조했다. 그는 생물의 몸을 조립하는 여러 기관은 새로 만들어지는 것이 아니라 알 속에서 이미 완성되며, 그것이 전개되고 성장하는데 지나지 않는다고 주장했다. 이것을 전성설(前成說) 또는

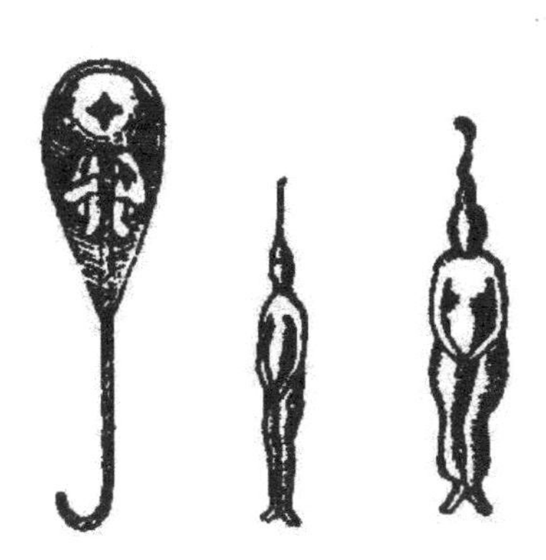

〈그림 2-1〉 하르트수커(왼쪽), 브란타데스가 보았다는 정자(가운데, 오른쪽)

전개설(展開說)이라고 한다. 프랑스의 철학자 말브랑슈는 이 견해를 한층 더 밀고 나가 새끼는 미리 완성된 형태로 어미 속에 포함되며, 그 새끼 속에는 또 손자가 완성된 형태로 포함되어 있으며, 이런 식으로 무한히 계속된다는 입자설(入子說)을 주장했다(1674년). 유명한 생리학자 알브레히트 폰 할러(1708~1777)가 이를 지지했기 때문에 전성설 내지 입자설은 크게 힘을 얻었다(그림 2-1).

많은 뛰어난 생물학자들이 전성설을 지지하였는데 장차 새끼로 될 근본이 알에 있느냐, 정자에 있느냐는 점에서 두 파로 나뉘었다. 난자라고 주장한 사람 중에는 말피기, 수밤메르담, 레오뮈르, 폰 할러, 스팔란차니, 퀴비에 등이 있었다. 정자라고 주장한 것은 레벤후크, 부르하페, 라이프니츠, 이래즈머스 다윈 등이었다.

전성설에 대해 각 기관은 난자나 정자 속에서 완성된 형태로 존재하는 것이 아니라 미분화의 기체(基體)에서 점점 형성된다는 견해가 있다. 이것을 후생설(後生說)이라고 한다. 이미 아리스토텔레스에서도 볼 수 있었지만 혈액순환을 증명한 윌리엄 하비가 부활시켰다. 그러나 그의 견해는 너무도 일반적이었고, 관찰의 뒷받침도 충분하지 못했다.

기세가 좋지 않던 후생설 입장에 서서 전성설에 강력한 반격을 가한 것은 독일의 카스파르 프리드리히 울프(1733~1794)다. 그는 1759년에 출판한 『발생론』에서 자기 관찰을 바탕으로 하여 후생설을 강력히 주장했다. 그는 꽃도 잎사귀도 싹으로서 갓 생겼을 무렵은 구별이 안 되는 점에서 꽃은 싹이 성장함에 따라 점차 새로 형성되는 것이라고 생각했다. 또 병아리의 발생에 대해서도 관찰하여 여러 기관은 알 속에서 만들어지는 것이 아니라 발생이 진행됨에 따라 새로이 만들어지는 것이라고 결론지었다.

울프는 대담하게도 자기가 쓴 『발생론』을 전성설의 강력한 지지자인 폰 할러에게 보냈다. 물론 할러가 받아들일 턱이 없었고, 오히려 무신론자로 몰려 비난받게 될 형편이어서 독일의 대학에서는 아무 곳에서도 그를 받아주지 않아 러시아로 가서 일생을 마쳤다.

19세기에 접어들자 발생학 연구는 급속도로 진보하여 결국 전성설은 완전히 타도되고 말았다.

17. 생물은 진화하는가, 하지 않는가?

생물이 진화한다는 사상은 『종의 기원』을 쓴 찰스 다윈(1809~1882)에서 비롯된다고 생각하는 사람이 많지만 이것은 잘못이다. 종이 바뀐다는 견해는 로버트 훅(1635~1703), 존레이(1627~1705), 괴테(1749~1832) 등 꽤나 많은 사람들이 주장한 바 있다. 그러나 분류학자 린네(1707~1778), 생리학자 폰 할러와 같은 정통적인 생물학자들은 종은 다른 종으로 바뀌지 않으며 처음에 창조된 그대로의 형태로 존재한다고 거듭 주장하여 사람들의 상식으로 자리 잡았다.

생물이 진화한다는 견해는 뷔퐁(1707~1788)이나 이래즈머스 다윈(1731~1802, 찰스 다윈의 조부)에 의해 더욱 발전되었지만 이것을 처음으로 체계화한 것은 프랑스의 라마르크(1744~1829)였다. 그는 무척추동물의 분류와 화석, 지층의 연구에서 생물은 환경의 변화에 대응해서 변화하여 신종을 낳고, 작고 간단한 생물에서 크고 복잡한 생물로 진화했다고 생각했다. 그리고 진화의 기구를 설명하기 위해 이른바 용불용(用不用)의 법칙과 획득형질(獲得形質)의 유전을 가정했다. 이를테면 기린의 목이 긴 것은 높은 가지에 있는 나뭇잎을 따먹으려고 부단히 목을 길게 뻗으면서 세대를 반복하는 동안에 차츰 길어졌다는 것이다.

그러나 이 무렵 생물학계에서 큰 권위를 휘두르던 조르주 퀴비에(1769~1832)는 종의 고정성, 불변성을 굳게 믿었다. 그러나 화석의 연구로부터 시대와 더불어 수많은 생물종이 멸종하고, 대신 다른 수많은 생물종이 절멸하고, 대신 다른 수많은 생물종이 나타난 것이 분명했다. 그는 이 사실을 설명하기 위해 지구상에서 과거에 몇 번이나 큰 이변이 일어났고, 그때마다 그때까지 살고 있던 생물이 멸종되고 새 생물이 창조되었다고 생각했다. 이 설을 천변지이설(天變地異說) 또는 격변설이라고 한다.

라마르크의 설을 강력하게 지지한 것은 친구 조프루아 생틸레르(1772~1844)였다. 결국 생틸레르와 퀴비에는 1830년 파리 과학아카데미 석상에서 정면으로 논쟁을 벌이게 되었다.

생틸레르는 종은 불변이 아니며 동물의 신체 체제에 설계의 통일성이 발견된다는 것을 주장했다. 하나의 예증으로서 두 젊은 박물학자가 쓴 척추동물과 오징어 신체의 유사점과의 대응을 지적한 논문을 낭독했다.

이에 대해 퀴비에는 양자의 기관의 구조나 위치가 완전히 다르다는 것을 지적하고, 동물 체제의 통일적 설계라는 생각은 전혀 공상적인 것에 지나지 않는다고 반론했다. 이 논쟁은 몇 달을 두고 계속되었고, 대중과 여러 간행물까지 참여하여 큰 소동이 벌어졌다.

그러나 이 논쟁에 관한 과학적 근거가 충분했던 퀴비에에게 승리가 돌아갔다. 그리고 생틸레르가 논쟁에 패함과 더불어 진화론 자체도 세상에서 잊혀졌다.

18. 미생물은 자연 발생하는가, 아닌가?

구더기 발생에 대한 레디의 실험적 연구(2장-15 참조)로 생물의 자연발생설은 완전히 부정되는 것처럼 보였으나, 때마침 그 무렵에 현미경에 의해 갖가지 미생물이 발견되자 하등한 생물은 자연 발생한다는 문제가 또다시 재론되었다.

영국의 성직자 존 니드햄(1713~81)은 1745년에 염소고기즙을 플라스크에 넣고, 공기 속의 미생물이 들어가지 못하게 마개를 단단히 막은 후, 가열해서 며칠 동안 두었더니 플라스크 속은 온통 미생물로 가득 찼다고 보고하여, 미생물은 자연 발생을 한다고 주장했다.

〈그림 2-2〉 루이 파스퇴르

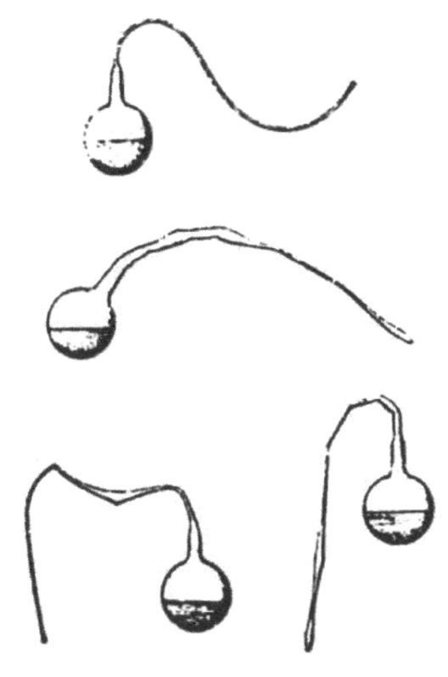

〈그림 2-3〉 파스퇴르가 실험에 사용한 목이 긴 플라스크

이것에 대하여 라차로 스팔란차니(1729~1799)는 니드햄의 실험은 마개 틈 사이로 미생물이 끼어들어 갔거나, 아니면 너무 약하게 가열해서 고기즙에 있던 미생물이 전멸하지 않았기 때문이 아닐까 생각하여 플라스크의 목을 녹여 밀봉한 후 3~4시간 동안 펄펄 끓인 것과, 마개만 닫고 1~2분 끓인 것을 대조해서 조사했다. 그 결과 전자의 밀봉한 것에서는 미생물이 생기지 않았는데, 마개만 막은 것에서는 생긴다는 것을 알았다(1765년). 니드햄은 이 보고를 듣고 장시간 끓였기 때문에 공기가 변질해서 자연 발생이 불가능한 상태가 되어버린 것이라고 반론하여 결말이 나지 않은 채 그대로 100년 가까이 지나갔다.

이 문제를 최종적으로 해결한 것이 19세기 프랑스의 루이 파스퇴르(1822~1895)다. 그는 1857년부터 발효 연구에 착수하여 알콜, 젖산, 빙초산 등의 발효가 각각 효모나 박테리아 등 미생물에 의해서 일어난다는 것을 규명했다. 그는 이에 관한 지식과 체험을 바탕으로 최종적인 결론을 내기 위해 미생물의 자연발생 논쟁에 끼어들게 되었다. 문제는 위에서 말한 스팔란차니의 실험에 대한 니드햄의 반론을 다시 반론하는 일이었다. 이것을 위해 파스퇴르는 교묘한 실험을 생각해 냈다.

그는 유리그릇의 목을 길쭉하게 여러 가지 형태로 구부려 만들었다. 그 속에 식물을 삶아 우려낸 즙을 넣고, 반복해서 끓여 살균을 한 다음에 방치해 두었다. 그릇에 마개를 달지 않았으므로 바깥공기가 통하고 있는데도 몇 달이 지났어도 즙은 썩지 않았다.

그 이유는 공기 속에 떠도는 미생물은 목이 구부러진 부분에 걸려 속으로 들어가지 못하기 때문이었다. 그 증거로 목을 잘라버리자 미생물은 속으로 들어갈 수 있었으므로 몇 시간 내에 금방 썩기 시작하였다. 또 솜을 통해서 공기를 흡인하면 솜에 수많은 미생물이 붙은 것이 보였고, 이것을 국물에 넣으면 부패되지만, 솜을 가열해서 넣으면 부패되지 않았다.

1860년에서 1861년에 걸쳐 실시된 이 실험은 자연발생설에 큰 타격을 주었지만 1870년대까지 논쟁은 계속되었다. 결국 포자상태인 미생물을 죽이려면 100℃ 이상의 온도가 필요하다는 것을 알게 되고야 비로소 이 논쟁은 최종적인 결말을 보게 되었다.

19. 콜레라균을 마시면 콜레라에 걸리는가, 안 걸리는가?

파스퇴르가 미생물을 연구하기 훨씬 전부터 전염병이 미생물에 의해 일어난다고 생각한 사람이 몇몇 있었다. 1835년 이탈리아의 아고스티노 바시는 누에의 어떤 병이 미생물에 의해 생긴다고 밝혔고, 1840년에는 독일의 야콥 헨레(1809~1885)가 전염병이 미생물에 의해 발생되고 운반된다는 설을 전개했다.

누에의 병과 함께 산업 상에 중요한 피해를 가져오게 한 것은 가축의 탄저병이었다. 1863년 프랑스의 카시미르 다벤느(1812~1882)는 탄저병에 걸린 가축이 혈액 속에 작은 막대모양의 물체를 발견하고 실험한 결과 이것이 미생물이며, 탄저병을 일으키는 원인이라는 것을 강력하게 주장했다.

이러한 선구적인 연구를 배경으로 특정 미생물이 전염병을 일으키는 것을 의심할 여지없이 증명하여, 파스퇴르와 함께 세균학의 기초를 닦은 것이 독일의 로베르트 코흐(1843~1910)다.

1872년에 코흐도 탄저병에 걸린 가축의 몸에서 작은 막대모양의 물체를 발견하여 그 정체를 연구하기 시작했다. 이것을 생쥐에 주사하면 탄저병에 걸리는 것을 알게 되어 실험이 아주 간단해졌다.

다음에는 소 눈에서 빼낸 안방수(眼房水)나 혈청을 써서 탄저병균을 배양하였다. 막대모양이 시처럼 뻗어나가고, 다음에는 포자를 발생하고 다시 본래의 막대모양으로 형성되는 것을 관찰했다. 포자를 생쥐에 주사하면 생쥐는 탄저병에 걸려 죽는데, 그 혈액 속에는 막대모양이 수많이 발견되었다. 이리하여 그는 1876년에 탄저병의 병원체를 규명할 수 있었다.

코흐는 다시 박테리아를 염료로 염색해서 보기 쉽게 하는 방

〈그림 2-4〉 코흐가 그린 탄저병의 병원체의 생장 과정

법, 젤리상의 투명배지에 박테리아를 순수 배양하는 방법 등을 개발했다. 이 방법을 써서 19세기 말에서 20세기 초에 걸쳐 수많은 병원체가 잇달아 발견되었다. 코흐 자신도 연쇄구균(1881년), 결핵균(1882년), 콜레라균(1884년)을 발견했다.

그런데 콜레라에 대해서는 뮌헨 의과대학의 초대 위생학 교수 막스 페텐코퍼(1818~1901)가 그 전염 경로를 연구하여 1854년, 콜레라는 특수한 병원균이 부패한 유기물이며, 오염된 토양 속에서 만들어진 독소에 의해 일어난다는 설을 제창했다. 코흐가 콜레라균을 발견하자 페텐코퍼는 그 균이 자기가 말한 특수한 병원균이라는 것은 인정했으나, 자신의 주장에 입각해서 토양이 개제하지 않고서 콜레라균만으로는 콜레라는 생기지 않는다고 주장했다.

1892년 74세의 페텐코퍼는 자신의 주장을 증명하기 위해 순수 배양한 콜레라균을 제자들 앞에서 마셨다. 그는 며칠을 지나도 발병하지 않아 코흐와의 승부에 이긴 것 같이 보였으나 그 후 제자 엔메리히가 같은 실험을 반복하다가 콜레라에 걸렸으므로 그의 주장은 패하고 말았다.

20. 예방접종은 전염병을 막을 수 있는가, 없는가?

한편 파스퇴르는 병원균에 대한 동물체의 저항력을 부지런히 연구했다. 이 연구에 의해 면역학(免役學)이 확립되어 우리에게 헤아릴 수 없는 이익을 가져왔다.

1880년 파스퇴르는 무서운 닭 전염병인 닭 콜레라를 연구했다. 그는 닭의 혈액으로 그 병원균을 배양했다. 이것을 빵에 적셔 닭에 먹이면 닭 콜레라에 걸려 곧 죽었다. 그런데 실험을 몇 주일 중단했다가 낡은 배양균을 닭에게 먹였더니 무슨 일인지 이번에는 죽지 않았다. 이 닭에 다시 새로 막 분리한 독균을 먹였는데 역시 병에 걸리지 않았다. 이를 통해 닭이 독성이 약해진 균(백신)에 면역이 생겨 같은 병에는 다시 걸리지 않게 된다는 것을 발견했다.

그는 이어 염소의 탄저병을 연구하여 백신을 만들었다. 그러나 대다수의 의사나 수의사들은 그의 이론을 부정하고 백신의 사용을 반대했다. 결국 1881년 믈룅의 농업회 주최로 양자의 주장이 옳고 그름을 가릴 공개 실험을 갖기로 했다. 믈룅 근처에 있는 한 목장이 실험 장소로 선정되었다. 5월 5일 실험 준비가 끝나고 수많은 농업가, 화학자, 의사, 수의사가 자리에 참석했다. 많은 사람들은 파스퇴르의 실험이 실패하리라고 확신했고, 또 그러기를 기대하며 떠들고 있었다.

50마리의 염소를 두 패로 갈라놓고, 한쪽 25마리에 파스퇴르와 제자들이 탄저병 백신을 놓았다. 2주일 후인 5월 17일에 두 번째 백신을 주사했다. 다시 2주일이 지난 5월 31일에 파스퇴르와 조수들은 50마리 전부에게 신선하고 독이 강한 탄저병 원균을 주사했다. 파스퇴르는 6월 2일까지에 백신을 접종하지 않은 25마리는 모조리 죽겠지만 접종한 25마리는 한 마리도 죽지 않을 것이라고 예언했다.

6월 2일에는 입회인들 외에 수많은 구경꾼, 신문기자까지 모여들었다. 그들이 본 것은 바로 파스퇴르가 예언한 대로였다. 땅 위에는 22마리의 염소가 이미 죽어 있었다. 남은 두 마리가 괴로움에 헐떡였고 1시간도 채 안 돼 죽었다. 살아남았던 한 마리의 염소도 그날 안에 죽었다.

그러나 접종을 받은 25마리의 염소는 전부 건강하고 한가로이 풀을 뜯어먹고 있었다.

이 극적인 공개 실험으로 백신의 뛰어난 힘과 파스퇴르의 면역 이론이 옳다는 것이 완전히 확인되었다. 이 실험 후 2년 이내에 10만 마리에 가까운 가축이 접종을 받고, 그중 탄저병으로 죽은 것은 불과 650마리에 지나지 않았다. 그때까지는 해마다 가축 10만 마리에 대해 약 9천 마리가 이 병으로 죽었다.

면역은 곧 인간의 전염병에도 응용되어 헤아릴 수 없이 많은 인명을 구하게 되었다.

21. 열기구가 좋은가, 수소기구가 좋은가?

높은 하늘을 새처럼 날고 싶다는 인류의 오랜 소망이 1783년 기구의 출현으로 이루어졌다. 더구나 거의 동시에 두 종류의 기구가 만들어져 서로 우열을 다투게 되었다.

최초로 기구를 올린 것은 프랑스 리옹 근처의 아노네에 사는 제지업자 몽골피에 형제(형 조제프(1740~1810), 동생 자크(1745~1799)였다. 두 사람은 종이와 아마로 지름 5m의 기구를 만들어 1783년 6월 5일, 밑에서 짚을 태운 연기를 넣어 약 2,000m 상공까지 올렸다. 열기구가 탄생된 것이다.

이 소문이 파리까지 전해져 프랑스 과학아카데미는 몽골피에 형제를 파리로 초대해서 실험하게 했다. 그러나 그 준비에 석 달이나 걸린다는 것이었다. 그 때 유명한 실험과학 교수 자크 샤를(1746~1823, 기체의 온도와 부피에 관한 샤를의 법칙으로 유명)이 기구 실험을 자청하고 나섰다.

그는 몽골피에 형제의 방식과는 달리 공기보다 가벼운 수소의 부력을 이용하기로 했다. 로베르 형제의 도움을 얻어 고무를 발라 기밀(氣密)로 한 비단으로 지름 약 4m의 구를 만들고, 철을 황산에 녹여 만든 수소를 채웠다. 실험은 8월 27일에 실시되었다. 장 드 마르스 광장에 몰려든 30만 군중 앞에서 기구를 맨 밧줄을 끊었다. 기구는 금방 상승하여 2분 후에는 구름 속으로 사라졌다. 이 기구는 약 45분 간 날아 파리에서 24㎞나 떨어진 고네스 마을에 떨어졌다. 부락민들은 하늘에서 괴물이 내려왔다고 하여 놀라고 무서워하며 손에 총, 갈퀴, 장대 등을 들고 덤벼들어 산산조각으로 찢어버렸다.

샤를이 새 기구를 다시 만드는 동안에 몽골피에 형제는 파리로 와서 9월 19일에 열기구를 실험했다. 베르사이유 궁전 뜰에 국왕 루이 16세과 왕비도 참석하여 인산인해를 이룬 군중 앞에서 아름답게 채색된 지름 15m의 열기구는 염소, 닭, 집오리를 태우고 하늘로 떠올랐다. 약 500m 높이까지 올라갔고 8분 후에는 3㎞ 떨어진 숲에 내려앉았다.

몽골피에 형제는 다시 지름 16m, 높이 25m의 큰 기구를 만들어 11월 21일 필라트르 드로지에와 프랑수아 로랑이 타고, 최초의 유인비행을 했다. 두 사람은 불로뉴 숲에서 출발하여 적재한 짚을 태워 부력을 유지해 가면서 1,000m의 높이로 파리 상공을 가로질러 약 25분 후에 8㎞ 떨어진 들판에 착륙했다.

10일 후인 12월 1일에 샤를은 새로 만든 수소 기구로 로베르 형제 중의 한 사람과 함께 튀일리 궁전 뜰에서 40만 군중이 지켜보는 데서 떠올랐다. 약 600m의 높이로 2시간 동안 공중 여행을 하고 40㎞ 떨어진 네르스에 착륙했다. 샤를은 혼자서 다시 기구를 타고 3,500m 고도까지 올라갔다가 무사히 내려왔다.

22. 열기구로 도버해협을 횡단할 수 있는가, 없는가?

이리하여 반년도 채 안 되는 사이에 열기구와 수소기구의 맹렬한 각축전이 전개되어 파리 시민들을 열광시켰다. 열기구가 좋다, 수소기구가 뛰어나다 하며 시민들까지 두 패로 갈라져 논쟁을 벌였다. 당시 미국으로부터 파리로 건너온 벤저민 프랭클린은 이 기구 실험들을 날카롭게 관찰하고 장래에 전쟁에 쓰이게 되리라고 예언했다(「프랭클린의 편지」에 상세하게 쓰여 있다). 열기구는 열과 수소에 대한 논쟁까지 더하여 프랑스에서 이웃나라로 번져나갔다.

그러나 무엇보다도 수소기구는 소형으로 안정성, 조종성이 좋았다. 수소를 만드는데 비용이 드는 것이 흠이었지만 화학공업의 진보에 따라 비용도 차츰 경감되었다. 무엇보다도 샤를 자신이 그물주머니를 쓰고 그것에 곤돌라를 매어 다는 방법, 과잉기체를 배출시키는 가스판, 모래주머니 등 안정성을 위한 연구에 열중한 공이 컸다. 이리하여 차츰 열기구가 불리해졌다. 그리고 운명을 결판 짓는 마지막 결전이 도버해협을 둘러싸고 벌어졌다.

1785년 1월 7일 프랑스인 블랑샤르와 영국인 제프리스는 수소기구를 타고 도버를 출발하여 서풍을 타고 2시간 47분 만에 도버해협을 횡단하여 프랑스의 아르트와라는 마을에 내렸다. 도중에 부력이 차츰 약해져서 기구가 자꾸 내려갔으므로 두 사람은 곤돌라에 실었던 짐을 모조리 밖으로 내던졌고, 나중에는

〈그림 2-5〉 블랑샤르와 제프리스가 수소기구로 도버해협을 횡단(1785년)

웃옷과 바지까지도 벗어던졌다. 가까스로 프랑스 해안까지 다다랐으나 그래도 기구가 자꾸 하강하였으므로 마지막 수단으로 곤돌라를 떼어내고 밧줄에 매달려 간신히 땅에 닿았다.

이를 듣고 열기구로 최초의 유인비행을 한 드 로제가 일어섰다. 그러나 열기구만으로는 도버해협을 횡단할 만한 항속력이 없다는 것을 알았으므로 지름 13m의 수소기구 밑에 지름 3m의 열기구를 장치한 절충형 기구를 만들었다. 친구들의 만류도 뿌리치고 1785년 6월 15일 다른 한 사람과 함께 불로뉴를 출발하여 프랑스에서 영국으로 건너가려 했다. 그러나 출발 30분 후 프랑스 해안에서 바다로 나가는 곳에서 열기구에 불이나 수소기구가 폭발하여 두 사람은 1,000m의 고도에서 추락했다. 물론 즉사했다. 이 인류 최초의 항공사고로 열기구는 명맥이 끊어졌다.

23. 안전등의 발명자는 데이비인가, 스티븐슨인가?

탄갱의 폭발은 지금도 무서운 사고이지만 옛날에는 더 자주 일어났고 피해도 컸다. 캄캄한 탄갱 속에서는 불이 없으면 일을 할 수 없다. 그런데도 전등이 없던 때라 촛불을 쓰는 수 밖에 없었다. 탄갱 속의 공기에는 반드시 메탄이 포함되고, 이것이 폭발을 일으키는 범인이지만, 빛과 냄새도 없어 공기 속에 있는지 없는지 도무지 알 수 없다. 탄갱에서 일하는 사람들은 언제 폭발이 일어날까 늘 불안에 떨며 일을 해야만 했다.

잉글랜드 북부는 질이 좋은 탄갱이 많은 곳으로 1815년에 지방의 한 유력자가 우연히 여행 중 이곳에 들린 유명한 과학자 험프리 데이비(1778~1829)를 만나 탄갱 사고의 비참한 실정을 호소하고 그것을 막는 방법을 연구해 달라고 부탁했다.

데이비는 동정과 호기심이 솟아 런던으로 돌아오자 안전한 탄갱용 등불을 연구하기 시작했다. 그는 불꽃을 쇠그물로 감싸면 철사 속으로 메탄가스가 흘러들어가 불이 붙어도 불꽃이 쇠그물 밖으로 나가지 않고, 폭발이 일어나지 않는다는 것을 알아냈다. 이리하여 데이비는 탄갱용 안전등을 발명하였고, 그에 대한 논문을 왕립학회에서 발표했다.

그런데 같은 시기에 북부 잉글랜드의 어느 광산에 근무하던 조지 스티븐슨(1781~1848, 나중에 철도의 아버지로 불리게 되었다)도 안전등을 연구하고 있었다. 그도 역시 실험에 의해 불길이 가느다란 파이프를 통과하지 못한다는 것을 알아냈다.

그래서 측면을 유리 원통으로 싸고 구멍을 뚫은 철판을 씌우고, 공기는 꼭대기와 바닥에 있는 작은 구멍을 무수히 뚫은 판에서 드나들게 한 안전등을 완성했다. 이것도 데이비와 같은 1815년의 일이었다.

그래서 데이비와 스티븐슨의 두 안전등 중 어느 것이 좋은가, 또 누가 먼저 발명했는가 하는 것을 둘러싸고 치열한 논쟁이 벌어졌다. 두 사람 다 자기가 먼저였고, 또 상대방의 연구를 전혀 몰랐다고 주장했다. 데이비는 스티븐슨이 자기 아이디어를 훔쳤다고까지 했다.

1817년 왕립학회를 중심으로 조사가 진행되었다. 어쨌든 데이비는 당시 유명한 과학자였으므로 입장이 유리했다. 결국 조사 위원회는 데이비를 안전등의 발명자로 선언하고 탄갱 소유자들은 기부금을 모아 2,000파운드의 상금을 그에게 주었다. 그러나 스티븐슨에게도 노력상으로 100파운드 남짓한 돈을 주었다. 스티븐슨의 탄갱 친구들은 분개했다. 그들도 주머니를 털어 1,000파운드를 모금하여 스티븐슨을 최초의 안전등 발명자라고 결의하고 그 돈을 그에게 보냈다.

공평하게 보아 두 사람은 동시에 각각 별도로 안전등을 발명했고, 시기적으로는 스티븐슨이 약간 빨랐지만 과학적 뒷받침에서는 데이비가 뛰어났다고 할 수 있다.

24. 송전에는 직류가 좋은가, 교류가 좋은가?

버금할 사람이 없는 발명왕 토머스 에디슨이라 해서 평생 하나의 잘못도 저지르지 않았던 것은 아니다. 그중에서도 교류 송전에 강경하게 반대하여 교류 송전 채용을 방해한 일은 가장 큰 잘못이었다고 한다.

에디슨은 고심 끝에 1879년 10월 21일 무명실을 탄화해서 만든 필라멘트를 봉입한 진공전구를 약 40시간(일설에는 13시간 반)이나 계속해서 키는데 성공했다. 그는 이와 평행해서 송전선, 스키트, 스위치, 안전퓨즈, 미터류 등 송배전에 필요한 부품을 개발하여 1882년에 런던과 뉴욕에서 중앙 발전소로부터 수천 호의 전등에 전류를 공급하기 시작했다.

그러나 송배전에 110V의 직류를 썼기 때문에 저전압으로 인한 송전 손실이 컸고, 기껏 발전소에서 2~3마일의 범위밖에 송전할 수 없었다.

1869년에 에어 브레이크를 발명하여 이것을 바탕으로 철도사업에 진출해 성공을 거두었던 조지 웨스팅하우스(1846~1914)는 전력 사업의 장래를 내다보고 여기에 손을 대기로 했다. 그는 골라르와 길스가 변압기의 특허를 얻었다는 것을 알고, 거기에 직류송전의 난문제를 해결할 수 있는 열쇠가 있다고 간파했다. 즉 송전 손실은 저압의 제곱에 반비례하므로, 전압이 높을수록 송전효율이 좋다. 그러므로 교류를 사용하여 변압기로 고전압으로 끌어올려 송전하고, 수요가 있는 데에서 다시 변압기로 안전한 실용적인 전압으로 내려서 사용하면 된다.

웨스팅하우스는 골라르와 깁스의 특허를 사들여 스스로 개량해서 실용적인 변압기를 만들었다. 1885년 말에 웨스팅하우스는 전기회사를 설립하고, 1886년 3월에는 4마일의 원거리 송전에 성공했다. 그 해 감사절 날 밤, 버팔로시에서 이 방식으로 수많은 전등을 켠 것이 크게 선전이 되어 주문이 쇄도했다.

처음에는 대수롭지 않게 생각했던 에디슨도 불안을 느끼고 많은 비용을 들여 교류전압의 위험성을 선전하는 캠페인에 나섰다. 연구소에 신문기자, 관람자를 모아놓고 들개, 들고양이에게 고압 교류를 걸어 태워 죽이는 실험을 반복하여 이 때문에 근처의 개와 고양이가 10분의 1로 줄어들었다고 한다. 특히 뉴욕주의 형무소 당국이 교수형 대신 사형집행에 고압전류를 사용하는 전기의자를 채용한다고 결정한 것은 에디슨의 입장으로는 절호의 선전 자료가 되었다.

에디슨의 악랄한 공격으로 교류의 인기는 떨어지고, 웨스팅하우스의 사업도 좌절되었다. 그러나 그는 꺾이지 않고 반격의 기회를 노리다가 1893년 시카고 만국박람회에서 25만개의 전등을 켜는 계획에 에디슨을 물리치고 낙찰하는데 성공했다. 이것이 굉장한 성공을 거두자 일찍부터 나이아가라 폭포의 수력을 이용하여 발전 계획을 추진하던 D. 아담스가 웨스팅하우스에게 이 사업을 맡겼다. 이것이 교류의 승리의 결정적인 계기가 되었다.

3. 오해의 과학사

—어디가 어떻게 잘못되었을까?

연금술사의 실험실

25. 자와 컴퍼스만으로 각을 3등분할 수 있는가?

고대 그리스에 3대 작도 문제라는 것이 있었다.

① 임의의 크기의 각을 3등분 하는 일

② 주어진 육면체의 2배의 부피를 갖는 육면체를 만드는 일

③ 주어진 원과 같은 넓이를 갖는 정사각형을 만드는 일

다만 어떤 방법을 사용해도 된다는 것이 아니라 자와 컴퍼스만을 쓸 것, 즉 직선과 원만을 이용하는 것이 조건이다.

원보다 복잡한 곡선을 사용하면 ①과 ②는 해결된다. 또 직각을 3등분할 수 있으므로 이것을 다시 1/2, 1/4, 1/6…이라는 식으로 계속 세분해서 적당히 조합하면, 임의의 각의 3분의 1에 얼마든지 근사하게 할 수 있다. ③도 또한 원에 정다각형을 내접, 또는 외접하는 방법으로 근사시킬 수 있다. 이들 해석법은 이미 고대 그리스에서도 착상되었다.

그러나 그리스 사람들의 이상은 이 문제들을 반드시 정확하게, 그러면서도 자와 컴퍼스만을 사용해서 푸는 일이었다. 그 후 2000년 이상에 걸쳐 무수한 사람들이 이 문제에 도전했지만 아무도 성공하지 못했다. 성공했다는 보고가 거듭 나오기는 했으나 조사해 보면 반드시 착각이거나 또는 거짓이었다.

드디어 1837년에 프랑스의 수학자 P. L. 방첼(1814~48)이 ①은 자와 컴퍼스만을 사용해서는 절대로 풀리지 않는다는 것을 증명했다. 그는 도형을 대수방정식으로 나타내는 해석기하학의 방법을 사용하여, 자와 컴퍼스만으로 작도할 수 있는 도형은 어떤 종류의 방정식으로 나타낼 수 있는가를 조사했다.

그 결과 그것은 차수가 1, 2, 4, 8, 16, 32……처럼 2를 몇

번이나 곱한 수가 되는 방정식인 경우만이라는 것이 밝혀졌다.

즉 2차식, 4차식 등으로 나타낼 수 있는 도형은 자와 컴퍼스만으로 작도가 가능하지만, 3차식일 경우는 작도가 불가능하다. 그런데 각의 3등분은 3차식에 대응하는 작도였다. 아무리 연구해도 불가능한 것이 당연했다.

방첼의 증명은 동시에 ②도 해결이 불가능하다는 것을 밝혀냈다. 즉 ②의 작도에 대응하는 방정식은 $x^3-2=0$으로, 이것도 3차식이다. 그러므로 작도가 불가능하다.

③은 1882년이 되어 독일의 C. L. F. 린데만(1852~1939)이 해결했다. 원을 정사각형으로 고쳐 그리기 위해서는 원주율 π의 값을 작도로 구하는 것이 절대로 필요한데, 린데만은 π를 근으로 하는 대수방정식은 존재할 수 없다는 것을 증명하였다. 차수는커녕 방정식조차 성립되지 않으므로 이것이 자와 컴퍼스만으로 작도가 불가능하다는 것은 말할 나위도 없다.

이래서 고대로부터 3대 작도 문제는 어느 것도 다 작도가 불가능하다고 결론지어졌다. 하지만 지금도 시도해보려는 사람이 끊이지 않는다.

26. 자기 힘만으로 영구히 움직이는 기계를 만들 수 있는가?

소나 말은 먹이를 먹는다. 엔진은 석탄이나 가솔린이 필요하고, 모터는 전기가 필요하다. 그렇다면 아무것도 주지 않아도 스스로 언제까지나 운동하며 사람을 도와줄 기계는 만들 수 없는가.

이런 꿈은 오래 전부터 있었을지 모르나 사람들이 다소나마 현실적이고 구체적으로 연구하기 시작한 것은 산업 활동이 활

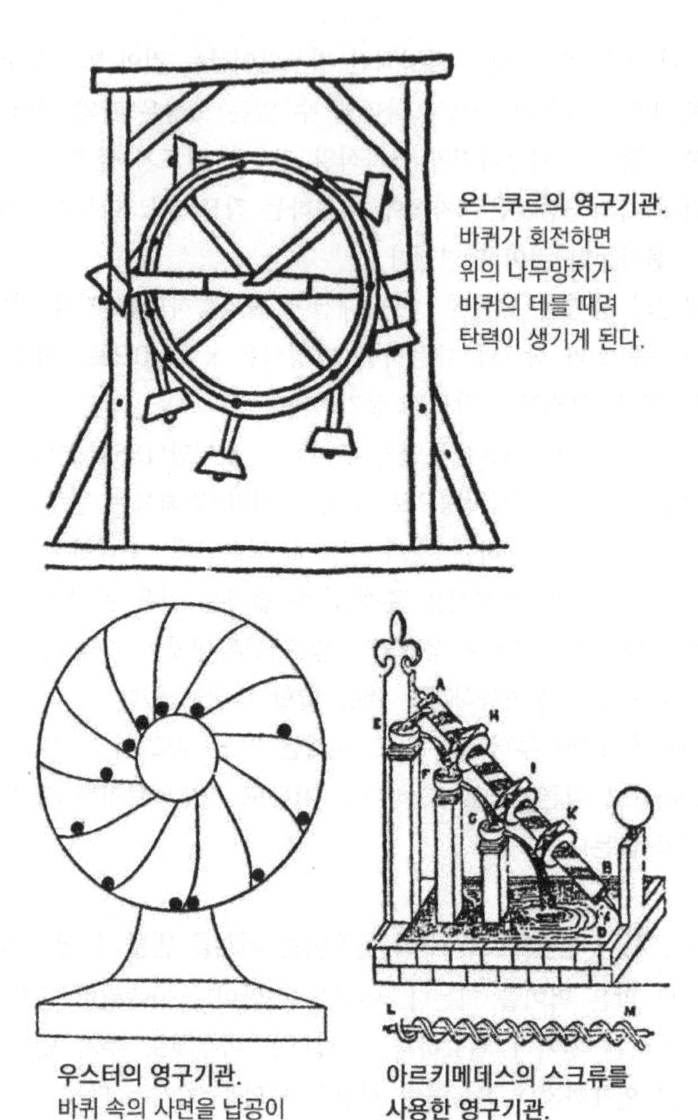

온느쿠르의 영구기관.
바퀴가 회전하면
위의 나무망치가
바퀴의 테를 때려
탄력이 생기게 된다.

우스터의 영구기관.
바퀴 속의 사면을 납공이
굴러내려 그 반동으로
바퀴를 돌린다.

아르키메데스의 스크류를 사용한 영구기관.
스크류의 회전으로 거슬러
올라간 물이 수차에 떨어져
회전한다.

〈그림 3-1〉

발해져서 일손이 귀해지고, 또 기계가 상당히 발달되어 실생활에 제공된 후부터다.

풍차나 수차는 한 번 장치하면 사람의 힘을 빌지 않고 계속 작동하는데, 이런 것은 외부로부터 에너지를 얻고 있다. 또 외부에서 에너지를 얻지 않고 일을 하는 기계, 설사 일을 하지 않더라도 기계 내부에 반드시 존재하는 마찰력을 이겨내고 영구적으로 계속 움직일 수 있는 기계가 이상적이며 이것을 영구기관이라 한다.

기록에 남아 있는 가장 오래된 영구기관의 아이디어는 13세기의 고딕 건축가 빌라르 드 온느쿠르가 생각해 낸 것으로, 바퀴 테에 경첩으로 장치한 7개의 나무망치가 테를 때려 바퀴를 움직이게 하는 구조다. 그러나 영구기관의 연구가 활발해진 것은 산업혁명이 가까워진 17세기부터다. 2대 우스터 후작이 고안한 납공이 낙하하는 힘으로 바퀴를 돌게 하는 방법이나 아르키메데스의 스크루를 사용하여 물을 순환시켜 수차를 돌리는 방법 등이 잘 알려졌다(그림 3-1).

기계가 발달함에 따라 영구기관에 대한 연구는 점점 활발해져 부력, 수력, 모세관 현상, 열, 빛, 자기, 전기, 화학 반응 등 온갖 물질 현상을 이용하는 것이 연구되었다. 그러나 어느 하나도 실제로 동작하지 않았고, 모형조차 만들 수 없었다. 실제로 움직이는 장치를 만들어 구경꾼으로부터 돈을 받거나, 자산가들에게서 기업화 자금을 내게 한 것도 있었지만 모두 사기였다.

그런 까닭으로 오래 전부터 나온 생각이었지만 영구기관은 원리적으로 불가능하다는 견해가 차츰 강해졌다. 이를 분명하게 증명한 것이 마이어와 줄의 연구를 거쳐 1847년에 헬름홀

츠가 확립한 에너지 보존의 법칙이다. 그에 따르면 에너지를 무에서 만들어내는 일도, 반대로 소멸시킬 수도 없다는 것이다. 다만 일, 열, 빛, 전력 등 갖가지 형태의 에너지를 서로 전환시킬 수 있을 뿐이다. 이 때 에너지의 양은 늘지도 않고 일정하다. 영구기관은 에너지를 무에서 창조하는 것을 전제로 하므로 불가능한 것이다.

그러나 에너지 보존 법칙이 확립된 뒤에도 영구기관 연구에 몰두하는 사람이 끊이지 않았다. 자기가 발명한 영구기관의 특허를 신청하는 사람도 적지 않았다. 미국에서는 신청 서류에 반드시 작동하는 모형을 첨부한다는 조건을 붙임으로써 신청 자체를 저지하고 있다.

27. 구리나 납을 금으로 바꿀 수 있는가?

연금술은 한 마디로 납이나 구리 등의 비금속을 금으로 바꾸려는 기술인데, 시대에 따라, 나라에 따라, 사람에 따라 그 기초가 되는 생각, 목적, 방법이 서로 다르다. 또 연금술사가 남겨놓은 기록도 극히 애매하여 암호나 비유를 많이 썼으므로 대체 무엇을 사용해서 어떤 반응을 일으켰는지 도무지 알 수 없다.

연금술사가 주장한 이론도 시대와 더불어 변해왔지만 기본적으로는 그리스의 대철학자 아리스토텔레스의 주장을 근거로 삼는다고 한다. 아리스토텔레스는 물질은 모두 형상과 질료(質料)로서 형성되었다고 생각했다. 이를테면 말이나 집의 특성을 나타내는 원인이 형상이며, 형상을 나타내는 물질적 재료, 즉 말고기라든가 재목이 질료다. 그러나 말고기나 나무도 그 자체의 형상과 소재가 되는 물이나 흙 같은 질료로 되어 있다. 이것을

수은

황

식염

〈그림 3-2〉 연금술사의 기본 삼원소, 수은과 황과 식염을 상징하는 그림. 독일의 연금술사 레오하르트 츠르네셀의 저서(1970년)에 실린 것

추구해 가면 모든 것은 공기, 불, 물, 흙의 이른바 4원소로 구성되었다는 것이다. 그러나 이 4원소도 서로 변환이 불가능한 것이 아니라 궁극적으로 단 한 가지 기본질료 밖에 존재하지 않는다.

그러므로 모든 물질의 차이는 형상의 차이에 지나지 않고, 형상을 바꾸면 어떤 물질도 다른 물질로 변환될 수 있다. 이를테면 말은 직접 사자로 변환되지는 않지만 말이 죽어 질료로 돌아가 사자가 그것을 먹게 되면 사자가 된 것이 된다. 따라서 납이나 구리를 금으로 바꾸는 일은 결코 불가능한 것이 아니다.

그러나 그러기 위해서는 절차와 방법이 필요하다.

① 납이나 구리의 형상을 벗기고 금속의 일반적인 질료로 되돌린다.

② 금의 종자를 그것에 심는다.

③ 하늘 또는 대기에서 오는 생기(生氣)를 그것에 집어넣는다.

④ 그것에 온화한 열을 가해 금으로 성장시킨다.

이 네 단계가 필요하다고 연금술사는 생각했다. 이것은 식물이나 동물이 태어날 때의 과정에서 유추한 것이다. 이 중 ①은 구리나 납을 센 불로 태우거나 약품으로 녹이면 되고, ④도 쉽다. 문제는 ②와 ③인데, 그렇게 하기 위해 연금술사들은 머리를 모아 각자 독특한 비법을 안출했다(그림 3-2).

중세가 되자 모든 금속은 황과 수은(나중에는 소금도)으로 되어 있다는 이론이 널리 믿어지게 되었다. 금속의 종류는 그것들의 혼합비율에 의해 정해지고, 그 비율을 바꾸면 다른 금속으로 변환시킬 수 있다고 생각했다. 금은 가장 완전에 가까운 금속이므로 비금속을 처리해서 그것이 포함하는 불순물을 제거하면 나중에는 금으로 바꿀 수 있을 것이다.

이 때문에 절대 필요로 했던 것이 「철학자의 돌」이다. 비금속에 미리 적당한 처리를 한 다음 이 철학자의 돌을 가하면 금으로 바뀐다고 했다. 이 철학자의 돌을 찾아내는 일이 연금술사에게 있어 최대의 과제가 되었다. 이것은 또한 인간의 질병을 고치고, 불로장수를 가져오게 하는 힘도 가졌다고 믿어졌다.

28. 연금술사는 어떻게 활약했는가?

연금술은 꽤 오래 전부터 퍼졌던 것으로 상상되는데, 분명히 알려진 것은 서기 100년께 그리스 과학의 중심지였던 이집트의 알렉산드리아에서 한 집단의 연금술사가 활약한 일이다. 중국에서도 오래전부터 연단술(鍊丹術)이라고 불리는 일종의 연금술이 있었으나, 금을 만들기 위해서가 아니라 오히려 불로장생약을 만드는 것을 주목적으로 하였으며 서양 연금술과의 관계는 잘 알 수 없다.

이윽고 연금술의 중심이 알렉산드리아에서 비잔틴을 거쳐 아랍으로 옮겨갔다. 게베르(721~815, 본명은 자비르 이븐 하이얀), 라제스(854~925, 본명 알 라지)가 대연금술사로서 이름을 남겼다.

11세기경부터 아랍의 과학이 번역에 의해 유럽에 소개되자 연금술도 전해져서 12세기부터 그 유행이 비롯되었다. 13세기가 되자 독일의 철학자 성 알베르투스 마그누스(1200~1280), 영국의 뛰어난 과학자 로저 베이컨(1214~1292), 프랑스의 의사 아르노 드 벌누(1240~1311), 에스파냐의 신학자 라몬 유이(1232~1316) 등의 유명한 연금술사가 나타났다. 이들은 진지한 연구자였다. 그러나 그들이 썼다고 하는 연금술 문서의 대부분이 사후 반세기에서 2세기 후에 만들어진 가짜인 것으로 밝혀졌다.

14세기경부터 연금술에는 신비적, 이단적 경향이 강해지고, 16세기에 접어들면 유럽의 종교 분쟁과 전란의 영향이 더해져 연금술은 더욱 활발해졌다. 특히 군주들이 재산 획득의 수단으로 연금술에 기대를 걸었기 때문에 각 궁정에서 연금사를 고용하고, 비용을 대주면서 실험에 종사하게 했다. 특히 신성 로마제국의 황제 루돌프 2세(1552~1612)와 페르디난트 3세(1608~1657)가 열성적이었다.

그러나 고용된 연금술사들이 모두 행복한 생활을 보냈던 것은 아니다. 정치싸움에 휩쓸리거나 일을 성공하지 못한 죄를 문책당하여 비참한 최후를 마친 예도 있다. 그 중 루돌프 2세에게 고용된 연금술사 무렌펠스 백작은 1640년에 금박을 바른 두꺼운 종이옷을 입고, 금도금을 한 교수대 위에서 처형당했다고 한다.

17세기 후반에 접어들자 과학적인 사고 방법이 퍼져 연금술은 차츰 신용을 잃게 되었다. 그러나 만년에 가서 연금술 연구에 몰두한 뉴턴 같은 대과학자도 있다. 18세기 말에 라부아지에 등의 노력으로 근대 화학이 확립되자 연금술은 소멸된 것 같이 보였다.

그러나 연금술은 지금도 살아남았으며, 특히 프랑스를 중심으로 몇몇 단체가 활동을 계속하고 있다.

29. 물질이 타는 것은 연소가 방출되기 때문인가?

16세기경부터 유럽에서는 광산업과 유리공업이 활발해졌고, 광석을 가열하여 금속을 뽑아내는 야금과 고열을 사용해서 유리를 녹이는 기술이 발달했다. 그에 따라 「불이란 무엇인가」, 「물질이 탄다는 것은 어떻게 되는 것인가」, 「금속을 공기 속에서 가열하면 녹이 스는 것은 무엇 때문인가」, 「광석에 숯을 섞어 가열하면 반짝이는 금속이 얻어지는 것은 어째서냐」하는 의문이 생겼다. 아리스토텔레스 이래 모든 물질은 불, 공기, 물, 흙의 4원소로 되어 있다는 사고 방법으로는 이 의문에 충분히 대답할 수 없었다.

1669년에 독일의 화학자 요한 요아힘 베커(1635~1682)는 4원소설에 대신할 새 물질 이론을 주장했고, 할레대학 교수로 프로이센의 시의였던 게오르크 에른스트 슈탈(1659~1734)이 한층 정밀화 하여 연소설(燃燒說)이라는 이론체계를 만들었다.

연소설에 따르면 숯, 황, 기름, 인 등에 불에 타는 물질은 모두 연소(플로지스톤)이라고 불리는 원소를 포함한다. 이들이 탈 때에는 연소가 해방되어 달아나고 그 때 빛과 열을 내며(이것이 불이다) 뒤에 재를 남긴다. 금속을 공기 속에서 태우면 녹이 슬어 금속재로 변하는데 이것도 마찬가지로 금속 속에 있던 연소가 빠져나가기 때문이다. 그러므로 타기 쉬운 것일수록 연소를 많이 포함한다. 숯은 거의 순수한 연소라 할 수 있다. 광석은 금속재이면 숯과 함께 가열하면 금속재에 숯의 연소가 결합하기 때문에 본래의 금속으로 환원된다.

이상을 알기 쉽게 식으로 정리하면 다음과 같다.

타는 물질 = 재 + 원소
금속 = 금속재 + 원소

연소
타는 물질 - 연소 = 재
금속의 재화 금속 - 연소 = 금속재
금속의 환원 금속재 + 연소 = 금속

이와 같이 하여 연소설은 연소에서 금속의 산화, 환원, 그리고 동물의 호흡이라는 문제에까지 연소라는 하나의 원소를 사용하여 체계적으로 설명했다. 슈탈의 후계자들은 이론을 더 심화하여 화학친화력, 산과 알칼리, 빛깔과 냄새 등 물질의 화학적, 물리적 성질을 모두 포함하는 일대 이론체계를 만들었다.

그러나 연소설에는 약점도 있었다. 금속이 금속재가 될 때에 무게가 늘어나는 것이 일찍부터 알려졌는데, 연소설은 이를 설명할 수 없었다. 슈탈은 「물질에서 연소가 빠져나간 뒤의 빈틈에 공기가 들어가므로 무거워진다」고 변명했지만 후계자들 사이에서는 「연소는 마이너스의 무게를 가진다」는 설명이 주력이 되었다.

우리가 볼 때 연소설은 이상하게 느껴지지만 18세기 말까지는 널리 신봉되었고, 화학자의 대부분이 입장을 지지하였다.

30. 연소설은 어떻게 타파되었는가?

굳건하던 연소설 체계가 깨진 것은 프랑스의 화학자 앙탄 로랑 라부아지에(1743~1794)의 천재성과 끊임없는 노력의 덕분이었다.

라부아지에는 1772년부터 연소 문제를 연구하기 시작했다. 황과 인, 아연과 주석을 밀폐한 용기 속에서 태우는 실험을 반복하여 물질이 탈 때의 공기의 일부가 그것에 흡수 또는 고정된다는 것을 확신하게 되었다. 그러나 공기의 일부가 무엇인지 분명하지 않았다.

그런데 1775년에 영국의 화학자 조지프 프리스틀리(1733~1804)가 파리로 와서 라부아지에에게 자기가 발견한 새로운 기체에 대한 이야기를 들려주었다. 프리스틀리는 1774년에 수은을 태워 만든 빨간 가루(지금으로 말하면 산화수은)을 유리 용기에 넣고, 바깥에서 커다란 볼록렌즈로 태양광선을 집광해서 가열했더니 보통 공기와는 다른 기체가 얻어졌다. 이 속에서는 초가 공기 속에서보다 더 잘 탔다. 프리스틀리는 이 기체는 전혀 연소를 포함하지 않기 때문에 그만큼 촛불에서 연소가 강하게 방출되어 잘 탄다고 생각하여 이것을「연소를 뺀 공기」라고 명명했다.

라부아지에는 곧 자기도 그 실험을 해보고 그「연소를 뺀 공기」야말로 자기가 찾던 공기의 일부(즉 지금의 산소)라는 것을 알았다. 이로써 비로소 그는 연소의 본질을 밝혀낼 수 있었다.

라부아지에에 따르면 공기는 이 산소와 물질을 태울 힘이 없는 질소(연소설에서는 이것을「연소가 가득 찬 공기」라 부르고, 이 속에서는 물질에서 연소가 빠져나가지 못하기 때문에 타지 않는다고 설명했다)로 형성되어 있으며, 물질이 타거나 금속이 금속재로 되는 것은 그들이 산소와 결합하기 때문이다.

재나 금속재는 물질이나 금속에 산소가 결합한 것이며, 금속재를 숯과 섞어 가열하면 본래의 금속으로 환원되는 것은 그들이 산소와 결합하기 때문이다.

재나 금속재는 물질이나 금속에 산소가 결합한 것이며, 금속재를 숯과 섞어 가열하면 본래의 금속으로 환원되는 것은 금속재의 산소를 숯에 빼앗기기 때문이다.

앞 절에서 든 식에서 마이너스 연소를 플러스 산소, 플러스 연소를 마이너스 산소로 바꿔 놓으면 라부아지에의 설명이 그대로 들어맞는 것을 알 수 있다. 마이너스의 무게를 가지는 연소 대신 플러스의 무게를 가지는 산소가 등장해서 그전처럼 억지로 설명하지 않아도 되게 되었다.

라부아지에는 1776년에 자신의 생각을 확인하기 위해 유명한 실험을 했다. 유리 용기 속에 수은을 넣고 12일간 가열했더니 수은의 일부가 빨간 가루로 바뀌고, 용기 안의 공기의 부피가 약 5분의 1만큼 줄어들었다. 나머지 공기는 질소라는 것이 증명되었다. 그 후 빨간 가루를 모아 가열했더니 줄었던 몫과 같은 부피의 기체가 얻어졌고, 이것이 산소라는 것이 증명되었다. 양쪽을 다 섞자 본래의 공기가 되었다. 이것으로 연소설의 오류가 명백해졌다.

31. 열은 물질인가?

17세기의 지도적 물리학자 갈릴레오, 보일, 훅, 하위헌스들은 열이란 물질을 조립하는 미립자(원자나 분자)가 하는 운동이라고 생각했다. 이를 통해 추울 때 손을 문지르면 열이 생겨 따뜻해지는 현상을 설명할 수 있었다.

그런데 18세기에 접어들자 열은 물질이라는 견해가 유력해졌다. 기묘하게도 이 견해를 지지한 것이 원자론자였다. 데모크리토스나 에피쿠로스, 근대에 와서는 프랑스의 피에르 가샹디(1592~1655)도 그렇다. 앞 절에서의 연소설도 이 견해를 지지했었고, 연소설을 무너뜨린 라부아지에도 역시 그랬다. 열의 물질에 대해 칼로릭(열소: 熱素)이라는 말을 지어낸 것은 라부아지에였다.

열에 대해 처음으로 정량적인 연구를 추진한 것은 영국의 조지프 블랙(1728~1799)이었다. 그는 1760년경부터 연구하기 시작하였는데 발표된 것은 그가 죽은 후의 1803년이었다.

블랙은 일정량의 물질에 발생하는 온도 변화의 눈금수에 따라 열량을 측정하는 새 방법을 고안했는데, 이것은 매우 큰 성과였다.

그는 열과 온도를 분명히 구별하고, 같은 열량을 도입하더라도 물질의 종류에 따라 온도의 상승 방식에 차이가 있다는 것(즉 비열의 존재), 또 얼음이 녹거나 물이 증발하는 상태변화 때에는 온도가 변화하지 않는데도 상당한 열량이 소비된다는 것(잠열의 존재)을 밝혔다. 이 연구는 열학의 기초가 되었는데, 반면 열은 물질이라는 생각, 즉 열소설을 지지하며 그 주장을 보강하는 것이었다.

열소설에 대해 정면 공격에 나선 사람은 미국 태생의 벤저민 톰프슨(1753~1814)이었다. 톰프슨은 파란만장한 생활을 거쳐 독일의 바이에른 공 밑에서 1791년 백작이 되어 럼퍼드 백작이라고 칭했다.

그는 뮌헨에서 대포의 포신을 뚫는 작업을 감독할 때, 포신을 뚫는 기계와 포신의 마찰로 대량의 열이 발생하는 것을 보고 깜짝 놀랐다. 그는 「고립된 물체 또는 물체계(物體系)가 무제한으로 계속 공급할 수 있는 것은 물질적인 실체일 수는 없다」고 단정했다. 럼퍼드는 1798년, 열은 「운동의 일종」이라고 결론지었다.

그러나 이 럼퍼드의 이론은 열소설의 신봉자들로부터 맹렬한 공격을 받았다. 험프리 데이비와 토머스 영은 럼퍼드설을 지지했지만 대다수의 물리학자, 화학자는 럼퍼드의 이론을 거들떠 보지도 않았다.

열소설이 완전히 무너진 것은 19세기 중엽 가까이 되어 마이어, 줄, 헬름홀츠의 노력으로 에너지 보존의 법칙이 확립된 때였다.

32. 식물은 물만으로 자랄 수 있는가?

벨기에의 얀 밥티스트 판 헬몬트(1580~1644)는 의사이자 연금술사, 신비 사상가였다. 철학자의 돌(3장-27 참조)을 열심히 찾아다녔고, 그 돌을 발견하여 실제 사용했다고 주장했다. 또 자연발생설을 믿고 밀에서 쥐를 만들어내는 처방을 쓰기도 했다(2장-15 참조).

연금술의 기초적 사고방식에 있어서는 그는 남달리 보수적이었다. 그 무렵 파라켈수스가 말한 고체물질은 모두 황과 수은과 소금으로 형성되었다는 설이 널리 믿어졌다. 하지만 판 헬몬트는 이를 부정하고 고대 그리스의 자연철학자 탈레스(기원전 6세기)가 주장한 모든 물질은 물로 되었다는 제일 오래된 생각에까지 거슬러 올라가 버렸다.

그러나 이 무렵에는 새로운 과학이 탄생하려 하였고 무엇이든 정밀하게 측정해서 수량으로 나타내려는 분위기가 나타났다. 판 헬몬트도 실험에 의해 자신의 주장을 양적으로 증명하려고 생각했다. 그래서 그는 실례로서 식물의 몸은 모두 물로 되었다는 것을 밝히려 했다.

그는 화분에 흙의 무게를 정확하게 단 다음 흙을 화분에 채웠다. 그리고 버드나무 묘목을 심고 물만 주고 5년 동안 키웠다. 버드나무는 그 동안에 무게 164파운드(1파운드는 약 454 g)로 자랐지만, 흙은 겨우 2온스(1온스는 약 28.4g)가 줄었을 뿐이었다. 이 결과를 보고 그는 식물의 몸은 물이 원료가 되어 형성된다고 결론지었다.

물론 이 결론은 잘못이다. 식물은 대기 중에서 이산화탄소를 섭취하고 이것과 물을 원료로 해서 일광의 도움을 빌어 자기 몸을 형성한다. 판 헬몬트는 이 이산화탄소의 역할에 전혀 눈치를 채지 못했다.

그러나 결론이 틀렸다고 하더라도 이 실험의 의의는 크다. 왜냐하면 생물학에 관해 정량적인 방법을 적용한 것은 이것이 처음이었기 때문이다. 또 그는 적어도 식물은 영양분을 주로 흙에서 취한다는 것을 밝혔다.

그란 판 헬몬트가 이상화탄소의 역할을 알아차리지 못한 것은 오히려 이상했다. 그것은 판 헬몬트는 공기와 흡사하되 공기가 아닌 물질, 즉 기체가 몇이나 존재한다는 것을 알고, 그 성질을 연구한 최초의 사람이었기 때문이다.

그는 기체는 완전한 혼돈 상태 있다고 생각하고 혼돈을 뜻하는 「카오스」를 벨기에식 발음으로 「가스」라고 나타냈다. 150년을 지나 라부아지에가 이 말을 정식으로 채용하여 그 후 가스라는 말이 널리 쓰이게 되었다. 더구나 그는 특히 나무를 태웠을 때 생기는 기체를 연구하여 이것을 「가스 실베스트르」라고 불렀는데 이것이 바로 버드나무의 영양이 되었던 이산화탄소다. 그는 여기에 해답이 있었다는 것을 눈치 채지 못했다.

33. 네안데르탈인의 뼈는 구루병 환자의 뼈였는가?

1856년 8월 어느 날 서독 뒤셀도르프 네안데르탈 마을에 있는 석회암 채석장에서 괴상한 뼈가 발굴되었다. 석영으로 만든 석기도 함께 발견되고, 손발의 뼈로 보아 사람의 뼈가 틀림없는데 문제는 머리뼈였다. 크기나 형태가 현재의 인간과 원숭이의 중간이라고 할 만큼 원시적인 것이었다.

대체 이것은 무슨 뼈였을까?

최초의 감정을 의뢰받은 근처 고등학교의 박물 교사 요한 풀로트는 이미 절멸된 옛 인류의 뼈일 것이라고 생각했지만, 인체해부학의 지식을 충분히 갖지 못했으므로, 이 뼈를 본 대학의 해부학 교수 H. 샤프하우젠(1816~1893)에게 보내 조사를 부탁했다. 1858년에 샤프하우젠은 풀로트의 의견에 찬성하여 이것은 일찍이 북서 유럽에 살던 야만 인종의 뼈일 것이라고 보고했다.

그러나 그들은 오히려 소수파의 의견에 지나지 않았다. 파리의 브르네베는 민족이동 때 죽은 고대 켈트인의 뼈라고 했다. 괴팅겐의 안도레아스 바그너 교수는 네덜란드의 선원의 뼈일 것이라 했고, 본 대학의 A. 마이너 교수는 1814년 나폴레옹군을 추격하여 이 지방에 침공했던 러시아의 코삭 병사의 유골이라고 했다.

그러나 1863년이 되자 진화론자 T. H. 헉슬리(1825~1895)

는 이것을 원숭이에 가까운 원시적인 인류의 뼈라고 했고, 이듬해 영국의 W. 킹은 이 뼈에 처음으로 「네안데르탈인」이라고 이름을 붙였다.

그러나 1872년에 근대 병리학의 창시자라고 불리며, 당시 독일 과학계에서 절대적인 세력을 가졌던 루돌프 피르호(1821~1902)가 다른 의견을 내놓았다. 이 설은 그의 영향력 때문에도 30년 동안이나 이 뼈의 평가를 결정적으로 그르치게 했다.

그에 따르면 이 뼈의 별난 모양은 원시적인 인종 또는 특별한 종족에 속하기 때문이 아니다. 그것은 보통 사람의 뼈이며, 넓적다리뼈가 몹시 구부러진 것은 어릴 적에 심한 구루병을 앓았다는 증거이며, 두골의 상처는 외상이고, 두골의 변형은 몹시 장수했기 때문에 위축된 것에 지나지 않는다고 했다.

이 피르호의 의견이 대세를 눌러 극히 소수의 사람을 제외하고는 학계는 네안데르탈인 뼈에 대한 관심을 잃어버렸다. 논쟁은 끝나고 뼈는 박물관 창고에 방치되었다.

그러나 그 후 유럽 각지에서 네안데르탈인과 같은 종류의 인골이 잇따라 발견되고, 1894년에는 자와 섬(지금의 인도네시아)에서 피테칸트로푸스 에렉투스(직립원인)의 화석이 발견되었다. 이 같은 연구의 진전을 배경으로 하여 1901년에 독일의 G. 슈발베가 네안데르탈인 뼈의 올바른 평가를 확립하여 겨우 이 문제에 관한 논쟁에 종지부를 찍게 되었다.

34. 화성에는 지능이 발달한 생물이 있는가?

밀라노에 있는 브레라 천문대의 대장을 지낸 이탈리아의 천문학자 조반니 스키아파렐리(1835~1910)는 1877년 화성이 지구에 대접근한 기회를 이용하여 망원경으로 그 표면을 자세하게 관찰했다. 그리고 극히 희미하지만 직선 모양의 줄이 가로세로로 복잡한 모양이 그려진 것을 알아냈다. 그는 이것을 이탈리아어로 「카날리」라고 불렀다. 카날리란 「줄」이란 뜻이다.

그런데 프랑스의 천문학자로 저술가인 니콜라 플라마리옹이 이 「카날리」를 프랑스어로 「카날」이라 번역해 버렸다. 카날은 프랑스어나 영어로도 「운하」를 뜻한다. 이렇게 되어 스키아파렐리가 본 것과는 얼토당토않게 「화성에는 운하가 있다」고 되어 버렸다.

미국의 천문학자 퍼시벌 로웰(1855~1916)은 이 보고를 듣고 몹시 흥분했다. 갑부였던 그는 당장 자비로 애리조나 산속에 전용 천문대를 만들어, 1894년의 화성 대접근을 기회로 관측을 시작했다. 이후 15년에 걸쳐 수천 장의 사진을 촬영하였고, 180개나 되는 운하의 지도를 만들고 또 화성의 풍경이 계절적으로 변화한다는 것을 관측했다.

로웰은 1895년에 낸 『화성』이라는 책의 끝맺음을 이렇게 썼다.

「화성의 조건으로 보아 생물이 존재한다 해도 이상할 것이 없다. 그러나 화성에는 물이 부족하기 때문에 지혜가 발달한 생물이 살아가기 위해서는 수리시설을 건설해야 할 것이다. 화성의 운하는 그러기 위한 것이며 운하의 교차점은 오아시스 같고 농업의 계절에 따라 수가 늘었다 줄었다 한다」

그는 「화성에는 지능이 뛰어난 생물이 살고 있는 것 같다」고 단언했다.

그러나 천문학자들은 화성 표면에 그와 같은 규칙적인 줄이 보이는 것을 부정하는 사람이 많고, 로웰의 착각이라고 생각한 사람도 있었다. 대립된 의견 사이에는 맹렬한 논쟁이 계속되었고, 여기게 소설가, 일반대중까지도 합세하여 화성인이 존재하느냐 않느냐를 둘러싸고 떠들썩한 토론이 오갔다.

특히 큰 영향을 준 것은 1898년에 출판된 영국의 G. H. 웰즈(1866~1946)의 『우주전쟁』이라는 공상과학소설이었다. 인간보다 지혜가 발달한 화성인이 포탄을 타고 지구로 쳐들어온다는 줄거리인데, 지능이 진보해기 때문에 머리가 엄청나게 크고, 중력이 작기 때문에 몸은 휘청휘청한다는 데서 문어 같은 괴상한 모습을 한 화성인이 소설에서 창조되었다.

이후에는 화성에 고등생물은 없다고 보고 최하등 식물은 있을 것이라는 설이 유력했는데, 매리너의 관측으로 화성의 환경조건이 예상보다 훨씬 심각하다는 것을 알게 되었다. 더욱이 바이킹호의 관측과 실험으로 생물이 존재할 가능성이 거의 전무하게 되었다.

35. 시베리아에 떨어진 불덩어리는 UFO의 폭발인가?

1908년 6월 30일 오전 7시 조금 지나 시베리아 중부에 사는 사람들은 남쪽 지평선에 눈부신 불덩어리가 나타나서 북쪽 하늘을 향해 맹렬한 속도로 날아가는 것을 보았다. 이윽고 불기둥이 치솟고 검은 구름이 뭉게뭉게 솟아올랐다. 폭발 소리가 몇 번 연속적으로 들렸다. 그로 인한 충격파는 런던의 기압계에도 감지되었다. 이튿날에는 아시아와 유럽에서 몹시 높은 은빛 구름을 볼 수 있었다. 1883년 자와 섬의 크라카타우 화산이 대폭발을 일으켰을 때 나타났던 구름과 같았다.

1920년이 되자 비로소 소련 과학자 L. A. 크릭이 조사에 나섰다. 그는 거대한 운석이 떨어져 지진이 일어난 것이라고 믿었다. 1927년 두 번째에 걸친 탐험에서 예니세이강의 지류의 수원에 가까운 곳에서 낙하지점을 찾아낼 수 있었다. 나무가 쓰러져 삼림 속에 크고 둥그런 공지가 생겼으며, 나무들은 중심부가 새카맣게 그을었다. 그러나 지면에는 크레이터가 없고, 몇 개의 작고 깊은 구멍이 패었을 뿐이었다.

크레이터가 발견되지 않았으므로 크릭은 대운석이 떨어진 것이 아니라 작은 운석의 무리였으리라 생각했다. 그래서 운석 조각을 열심히 찾아보았으나 발견할 수 없었다.

크릭은 그 후 1939년까지 몇 차례나 탐험을 되풀이했지만 역시 운석 조각은 발견하지 못했다.

그렇다면 1908년에 무엇이 떨어져 삼림에게 큰 피해를 준 다음 홀연히 사라져버렸다고 생각할 수밖에 없었다. 그것이 대체 무엇이었을까?

1930년에 영국의 물리학자 디랙이 반입자(反粒子) 이론을 제창하자 이 사라진 낙하 물체가 반물질이 아니었던가 하는 설이 나왔다. 반물질은 보통 물질과 만나면 융합해서 없어지고, 그때 막대한 에너지를 내기 때문에 이 수수께끼를 설명할 수 있는 것이다.

1947년이 되자 소련의 기술자이면서 과학 작가인 알렉산드르 카잔체프는 1908년에 떨어진 것은 운석이 아니라 다른 별에서 온 우주선이었다는 기발한 의견을 내세웠다. 우주선은 사람이 살지 않는 시베리아의 밀림에 착륙하려다 실패하고, 원자력엔진이 폭발하여 삼림에 피해를 주는 동시에 우주선 자체도 증발해서 없어졌다는 것이다.

1957년 소련 과학아카데미는 K. P. 프로렌스키를 대장으로 하는 탐험대를 파견하여 조사시켰다. 그들은 특별히 가이거계수관을 갖고 갔는데, 낙하지점에서 측정한 흙의 방사능은 다른 곳의 흙과 조금도 다르지 않았다.

현재는 낙하한 것은 운석이 아니라 작은 혜성의 머리였을 것으로 보고 있다. 혜성 머리는 암모니아, 메탄, 물 등이 얽힌 오염된 빙산 같은 것이므로 이것이 지상에 충돌하여 나무를 쓰러트리고 증발해 버린 것은 조금도 이상한 일이 아니라는 것이다.

36. 아직 발견되지 않은 4원소는 지구상에 존재하는가?

1869년 러시아의 멘델레예프가 원소의 주기율표를 확립하자, 그때까지 알려졌던 원소가 질서정연하게 분류, 정돈되었을 뿐 아니라 모르는 원소의 성질도 주기율표에서 그 전후 또는 좌우에 이웃하는 원소의 성질에서 상당히 상세하게 예측할 수 있게 되었다. 이 때문에 새 원소의 탐구가 조직적으로 진행될 수 있게 되고, 원자번호 1번의 수소에서 92번의 우라늄까지는 1925년까지 43번, 61번, 85번, 87번의 넷만 남기고는 모두 발견되었다.

나머지 네 원소를 둘러싸고 화학자들 사이에 피나는 경쟁이 계속되었다. 물론 그것들은 아주 미미한 양밖에 존재하지 않을 것이기 때문에 종래의 화학 분석 방법으로는 쓸모가 없었다. 스펙트럼선을 사용하는 분광분석법이나, 모즐리의 법칙(1913년)을 이용하여 물질에 전자를 충돌시켜 X선을 내게 하고 그 파장에서 원자번호를 알아내는 방법 등이 유력한 수단이 되었다.

발견자에게는 개인의 명예뿐 아니라 발견한 원소의 명명권까

43번 원소	니포늄(1908, 오가와 마사타카, 일본)
	마스륨(1925, 노닥 부부 등, 동부 프로이센의 지방 이름 마즈렌)
85번 원소	알라바민(1931, 애리슨, 앨라배마주)
87번 원소	루슘(1925, 도브로셀도프, 러시아)
	버지늄(1932, 애리슨 등, 버지니아 주)
	모르다븀
61번 원소	일리늄(1923, 호프킹 등, 일리노이 주)
	프로렌튬(1924, 로라 등, 피렌체)
	(1937, 율베, 소련과 루마니아에 걸친 몰다비아 지방)

지 주어졌다. 학자들이 얼마나 애국심을 불태우면서 이 어려운 과업에 도전했었는지 발견된 것을 열거하면 생생하다. 괄호 안은 발견 연대, 발견자, 명명의 유래이다.

그러나 이들 「발견」은 모두가 잘못이었다. 그도 그럴 것이 네 원소 중 셋은 지구상에 존재하지 않는 것이었다. 1937년 페리에와 세그레는 몰리브데넘에 가속한 중양성자(重陽性子)를 충돌시켜 43번 원소를 만들었다. 이것은 인류 최초의 인공원소였으므로 그리스어의 테크네토스(인공적인)을 따서 테크네튬이라고 명명되었다. 85번은 1940년 세그레 등에 의해, 61번은 1947년 마린스키 등에 의해 역시 인공적으로 만들어져 각각 아스타틴(그리스어의 아스타토스(불안정)에서), 프로메튬(그리스 신화의 거인 프로메테우스에서)이라고 명명되었다. 87번은 1939년에 페레양에 의해 발견되었다. 이것은 악티늄이 알파선을 방출하고 붕괴되는 드문 현상의 결과로서 고국 프랑스에서 연유한 프란슘이라고 명명되었다. 그러나 그 수명은 고작 21분으로 지상에 존재한다고 해도 한 순간에 지나지 않는다.

4. 뜻하지 않은 발명과 발견

—우연은 무엇을 가져다주었을까?

벤젠 분자의 육각형 구조를 보이는 만화

37. 어쩔 수 없는 응급처치가 올바른 치료법을 낳았는가?

중세 유럽 군대에서는 정규적인 군의 제도가 없었다. 계약으로 고용된 의사나 외과의사(당시에는 이발사를 겸한 신분이어서 천한 직업이었다)가 군대를 따라 다니며 부상한 병사로부터 돈을 받고 치료했다.

프랑스의 앙브루아즈 파레(1510~1590)는 파리에서 공부하여 외과의사 자격증을 따고, 1537년 프랑스 군대에 고용되어 이탈리아와의 전쟁에 종군했다. 프랑스군은 승리하여 토리노 시를 점령했지만 이 때 많은 부상자가 생겼다.

그 무렵 총상을 입은 상처 치료법이 아직 충분히 연구되지 않았다. 총신에서 튀어나간 총알은 몹시 뜨거워져서 맞으면 근육에 심한 화상을 입히고, 또 상처에 들어간 화약은 중독 작용을 일으킨다고 믿었다. 그래서 먼저 상처에서 총알을 빼낸 다음 상처를 클립으로 크게 벌리고 펄펄 끓는 기름을 부어 넣는 것이 보통 치료법이었다. 이것으로 혈액의 중독이 방지되고 상처의 살이 기름에 덮여 외기에 닿지 않게 된다는 것이었다. 그러나 이런 거친 수술로 인해 병사는 몹시 고통을 받았다. 몸부림을 치며 괴로워할 뿐 아니라 쇼크로 죽기도 했다.

파레도 물론 이 방법이 옳다고 믿고 많은 부상자를 처리했다. 그러나 부상자가 너무 많았기 때문에 준비했던 끓인 기름이 다 떨어졌다. 그러나 기름이 부족함을 병사들이 눈치 채게 해서는 안 됐기에 시치미를 떼고 다른 약을 썼다. 그것은 달걀노른자, 장미향유, 텔레핀유를 섞어서 만든 위장약이었다. 그는 이 기름을 데우지 않고 병사들의 상처에 발라주었다.

그날 밤 파레는 잠을 이룰 수 없었다. 끓인 기름 대신 무책

임한 대용품을 바른 부상자들이 중독이 되어 밤새 죽지 않을까 두렵고 무서웠다. 이튿날 아침 일찍 일어나 부상자들을 둘러보았다. 그런데 예상과는 달리 위장약을 바른 부상자들의 상처는 거의 통증이 가시고, 상처가 붓지도 곪지도 않고 훨씬 좋아졌다. 반대로 끓는 기름을 썼던 부상자들은 열이 나고, 몹시 아파하고 상처가 퉁퉁 부어올랐다.

급한 나머지 저지른 이 응급처치에서 파레는 끓는 기름을 쓰는 것이 잘못이라는 것을 알게 되고, 부상자를 괴롭히지 않는 올바른 처치법을 확립하여 사람들에게 보급하였다.

파레는 절단 수술 후 새빨갛게 달군 인두로 상처를 지져 지혈하는 난폭한 방법을 그만두게 하고, 혈관을 결찰하는 효과적인 방법을 짜냈다. 그밖에 틀니, 의족, 의안 등을 고안했다.

그의 외과의사로서의 명성은 크게 떨쳐져 프랑스 국왕의 시의를 4대에 걸쳐 역임했다. 그는 근대 외과 의사의 아버지라고 불린다.

38. 위를 들여다 볼 수 있게 된 사람은 하늘이 내린 모르모트였는가?

1822년 6월 미시건호 북쪽에 있는 섬마을 맥키낵에는 털가죽을 거래하는 장이 서 많은 남녀, 나그네, 인디언들이 들끓었다.

실수로 누군가의 총이 오발되면서 1m 옆에 있던 알렉시스 세인트 마틴이라는 19세의 캐나다 청년의 배에 수십 발의 산탄이 박혔다. 물론 그는 피투성이가 되어 그 자리에 쓰러졌다.

이 섬에는 미국군의 요새가 있어 수비대가 주둔하였다. 군에 남아있던 단 한 사람인 윌리엄 버몬트(1785~1853)가 기별을 받고 달려왔지만 손을 쓸 방도가 없었다. 배에는 어른의 머리보다 큰 구멍이 뚫렸고, 허파와 위의 일부가 나와 있었다. 어쨌든 그는 삐져나온 살을 일부 잘라내고, 상처를 단단히 붕대로 싸맨 다음 병원 옆에 있는 오두막집에 환자를 옮기게 했다.

버몬트는 세인트 마틴이라는 그 청년이 그날 밤 안에 죽으리라 생각했다. 그러나 그는 기적적으로 버텼다. 그래서 버몬트는 거듭 수술을 하고, 고름을 걷어내고, 붕대를 갈아주는 등 헌신적인 간호를 했다. 나중에는 청년을 자기 집으로 데리고 와서 사비로 간호와 치료를 계속했다.

1년쯤 지나 환자는 간신히 회복했다. 그러나 총알로 뚫린 구멍이 아물지 않아 찢긴 위가 그대로 드러났다. 그러나 시간이 지나자 자연적인 치유력으로 위 내면의 막이 성장하여 찢어진 위를 덮어 일종의 덮개가 되었다. 덮개는 손가락으로 밀면 쉽게 안쪽으로 밀어 넣을 수 있어 위의 내부를 들여다 볼 수 있었다. 우연한 오발사고로 위 속을 들여다 볼 수 있는 사람이 만들어진 것이다.

버몬트는 세인트 마틴의 위를 재료로 소화연구를 진행했다. 음식물이 위에 들어가면 그 자극으로 위액이 흘러나온다는 것, 음식물은 그 위액의 소화작용으로 분해된다는 것을 발견했다. 위액의 일부를 관으로 빨아내어 음식물에 부었더니 위액은 위 밖에서도 음식물을 분해할 수 있다는 것을 알게 되었다. 또한, 여러 종류의 음식물을 실로 묶어 위에 넣고 시간이 지난 다음 꺼내어 식품이 어떤 상태, 어떤 속도로 소화되었는가를 조사했다.

세인트 마틴은 그러자 자기가 버몬트의 귀중한 모르모트라는 것을 눈치채 버몬트에게 점점 무리한 요구를 하였다. 끝내는 한 때 버몬트에게서 도망쳤다가 4년 후에 처자를 거느리고 다시 돌아와 가족 전부를 부양하는 교환 조건으로 다시 버몬트의 실험재료가 되기를 승낙했다. 그는 뜻밖에 83세라는 장수를 누렸다.

이리하여 버몬트는 다루기 힘든 세인트 마틴의 기분을 맞춰주면서 원조도, 상의할 상대도 없이 혼자 힘으로 차곡차곡 연구를 계속하여 위의 작용, 소화 기구 등을 비로소 밝혀낼 수 있었다.

39. 도난 방지를 위한 착색제가 포도나무 병을 막았는가?

1858년에서 63년에 걸쳐 프랑스의 포도 주산지에 필록세라라는 황록색 해충이 들끓었다. 이것은 접목용 포도 묘목에 붙어 미국에서 건너온 것이었다. 말할 것도 없이 포도주는 프랑스의 명산물이다. 이 해충 때문에 포도 수확이 크게 줄어들게 되어 농가는 낭패였다.

1876년에 보르도대학의 식물학 교수가 된 피에르 마리 알렉시스 밀라데트(1838~1902)는 현지의 이 참상을 보다 못해 순수과학을 떠나 이 해충의 방제 연구를 시작했다. 그는 이 벌레에 대해 저항력이 강한 미국 포도를 접본으로 그것에 품질이 좋은 유럽 포도의 묘목을 접목하는 방법을 사용해 피해를 줄이는데 성공했다.

그런데 이번에는 필록세라와 거의 동시에 들어온 노균병(露菌病)이 크게 유행하기 시작했다. 이것은 일종의 곰팡이에 의해 생기는 포도나무병이다.

1882년 10월 어느 날 밀라데트는 보르도에 가까운 포도원

안을 거닐고 있었다. 눈에 띄는 포도나무는 모조리 노균병에 걸려 시들어 밀라데트의 마음을 아프게 했다. 그러던 중 그는 이상한 일을 보았다. 길가에 늘어선 고랑의 포도만은 병에 걸리지 않고 잘 자랐다. 이 포도에는 길을 지나다니는 사람이 따먹지 못하게 보르도액이라는 액체를 뿌려놓았다는 것이었다. 이것은 황산동과 석회를 섞어 만든 액인데, 독약처럼 보이는 녹색이었으므로 길가는 사람들은 독을 바른 것으로 생각하여 감히 손을 대지 않았다. 밀라데트는 어쩌면 이 보르도액에 노균병의 곰팡이 번식을 막는 힘이 있지 않은가 의아하게 생각했다. 그는 대학에 돌아와 곧 연구를 시작했다.

3년 동안의 고심 끝에 그는 보르도액이 노균병의 곰팡이 번식을 막는 이유를 알아낼 수 있었다. 즉 보르도액 속에는 황산동이 녹아 구리 이온이 생기는데 이 구리 이온이 노균병의 곰팡이 포자가 싹트는 것을 방해하기 때문에 곰팡이가 증식할 수 없었던 것이다.

그동안 노균병의 유행이 한 때 수그러졌다가 1885년에 다시 크게 유행하기 시작했다. 그래서 밀라데트는 대규모적으로 실험을 시작했다. 큰 포도원을 둘로 갈라 한 편에는 보르도액을 뿌리고, 다른 한 편은 아무 손도 쓰지 않았다. 얼마 후 처리를 하지 않은 포도는 모조리 노균병에 걸렸지만, 보르도액을 뿌린 포도나무는 거의 병에 걸리지 않았다.

곧 프랑스의 포도 재배가들이 보르도액을 채용했고, 덕택으로 노균병에 의한 피해를 크게 줄일 수 있었다. 소문이 번져 보르도액은 전 유럽, 나아가 전 세계에서 쓰이게 되어 큰 이익을 가져왔다.

40. 비타민은 닭의 각기병에서 발견되었는가?

한국, 일본, 중국, 동남아시아 등 쌀을 주식으로 하는 지역에서는 오래 전부터 각기라는 병이 있었다. 이것에 걸리면 다리가 붓고, 힘이 빠진다. 병이 진행되면 걸을 수 없게 되고, 심장이 약해져서 죽는 수도 있다. 특히 19세기 후반에 정미 공장이 기계화되어 백미식이 보급되자 각기 환자가 급격히 늘어났다.

1882년 도쿄로부터 뉴질랜드로 출발한 일본 군함이 272일간 항해하는 동안 169명의 각기 환자와 25명의 사망자가 발생했다. 이후 1884년, 당시의 해군 군의감은 다른 군함에 항해 도중 승무원의 식사를 양식으로 준비하고 보리, 야채, 고기를 많이 먹이게 했다. 이번에는 287일 간의 항해에서 14명의 각기 환자를 냈을 뿐 죽은 사람은 없었다. 이 경험을 살려 일본 해군은 각기의 위협을 크게 줄일 수 있었다. 그러나 각기가 어째서, 무엇에 의해 일어나는지 아직 몰랐다.

네덜란드령 동인도(지금의 인도네시아)의 식민지군에 근무하던 네덜란드인 군의관 크리스티안 에이크만(1858~1930)은 1890년부터 바타비아(지금의 자카르타)의 육군병원에 신설된 각기를 연구하기 위한 연구소에 배속되었다.

어느 날 그는 병원의 양계장에서 사육하는 닭이 갑자기 병에 걸린 것을 알게 되었다. 닭들은 다리가 약해져서 걸을 수 없게 되어 각기와 똑같은 증상을 보였다. 그는 몹시 흥미가 끌려 닭을 면밀하게 관찰하였는데, 그러는 동안에 갑자기 이 병이 없어져 버렸다.

에이크만은 깜짝 놀라 조사를 했다. 그 결과 다음과 같은 사실을 알아냈다. 양계 담당이 처음에는 병원의 백미를 닭에 먹였는데, 그 동안에 닭은 각기에 걸렸다. 양계 담당이 교체되어 새로 온 사람은 닭에게 환자용 백미를 주는 것은 아깝다고 생각하여 찧지 않은 현미를 먹였다. 그러자 닭의 각기가 나았다. 에이크만은 혹시나 하여 다시 실험을 하여 사실을 확인했다.

에이크만은 인간의 각기도 같은 원인일 것이라고 생각했다. 그래서 네덜란드령 동인도에 있는 100곳의 형무소에 대해 죄수 중에 얼마나 각기가 발생하였는가를 통계적으로 조사했다. 그 결과 현미만 먹이는 형무소에서는 죄수 1만 명당 각기 환자가 단 1명인데도, 백미만 먹이는 죄수 중에는 3,900명이 걸렸다는 것을 알아냈다. 이로써 백미와 각기의 관계가 완전히 밝혀졌다.

현미에는 있고 백미에는 없는 것, 즉 겨가 되는 쌀의 피막에는 각기를 방지하는 것이 포함되었음이 분명했다. 그러나 이 미지의 물질을 순수하게 추출하는 데는 시간이 걸렸다. 카지미르 풍크는 이 물질을 비타민이라고 명명했는데 이것이 계기가 되어 수많은 비타민류가 발견되었고, 인류 건강에 크게 공헌했다.

41. 우연히 끼어든 푸른곰팡이가 페니실린을 가르쳐 주었는가?

런던의과대학 성 메리 병원의 알렉산더 플레밍(1881~1955) 교수는 전부터 병원균을 죽일 수 있는 약을 연구하고 있었다. 1928년 그는 환자의 고름에서 뽑아낸 포도구균을 연구 재료로 배양했다. 유리로 만든 페트리접시에 세균의 영양이 되는 물질을 섞은 젤리를 넣고, 포도구균을 길렀다. 균은 수천, 수만으로 늘어나 많은 균이 모인 콜로니(集落)가 젤링 위에 점점이 나타났다.

그러나 플레밍은 어처구니없는 일을 알아냈다. 페트리접시 속에 한 군데 녹색곰팡이가 붙어서 번지기 시작했다. 곰팡이 포자는 언제나 공기 속에 우글거리고 있으므로 균을 배양할 때는 페트리접시 속에 들어가지 못하게 세심한 주의를 하는데도 자칫하면 곰팡이가 들어가 세균의 영양분을 가로채 번식하는 일이 흔히 있었다. 그러게 되면 배양은 실패하고 다시 처음부터 시작해야 하였다.

플레밍은 혀를 차면서 페트리접시 속의 것을 버리려고 했다. 그런데 문득 푸른곰팡이 주위에는 세균 콜로니가 하나도 없고 빈 공간이 동그랗게 둘러싼 것을 보았다. 플레밍은 어쩌면 이 곰팡이가 특별한 물질을 만들어내어 주위에 번져 균의 성장, 번식을 저지한 것이 아닌가 생각했다. 그는 우연히 끼어든 곰팡이를 재료로 연구를 시작했다. 곰팡이는 페니실리움 크리소게늄이라는 진귀한 종류였다. 그는 다시 이 곰팡이를 순수 배양하여 이것이 여러 가지 세균의 성장과 번식을 방해한다는 것을 확인했다.

미생물 사이에서도 생존경쟁이 있다. 특히 흙 속에는 헤아릴 수 없을 만큼 미생물이 많고 서로 먹느냐 먹히느냐 투쟁을 계속하고 있다. 이 곰팡이는 오랜 진화의 역사 속에서 다른 세균을 죽이는 물질을 만들어내는 슬기를 가졌던 것이다.

플레밍은 이 물질을 곰팡이에서 분리하면 사람 몸에 들어간 병균을 죽이는데 쓸 수 있지 않을가 생각했다. 그래서 그 곰팡이를 고기즙 속에서 길러 그 즙을 배양한 세균 콜로니에 넣었더니 콜로니가 죽어버렸다. 이리하여 곰팡이가 만들어낸 유효물질이 고기즙에 녹는다는 것을 알았다. 그는 이 유효물질을 곰팡이 이름인 페니실리움에서 딴 페니실린이라는 이름을 붙였다.

다음에는 이 페니실린을 순수하게 뽑아내는 일이 남았다. 그러나 플레밍은 성공하지 못했다. 10년이 지나 옥스퍼드대학 교수 하워드 플로리와 조수 언스트 체인이 드디어 페니실린을 고기즙에서 분리하는데 성공했다. 페니실린은 헤아릴 수 없을 만큼 많은 환자의 목숨을 구했고, 또 그 후 많은 항생물질이 생산, 이용되는 출발점이 되었다. 그것은 모두 우연히 날아든 곰팡이의 한 포자와 그것을 그냥 보아 넘기지 않은 플레밍의 예리한 관찰력 덕분이었다.

42. 더러운 콜타르에서 어떻게 아름다운 염료가 되었는가?

키니네는 기적적이라 할 만큼 말라리아에 잘 듣는 특효약이지만, 남아메리카산 키나나무의 나무껍질에서만 얻을 수 있으므로 유럽에서는 몹시 값이 비쌌다.

14세 때 런던의 왕립화학학교에 입학한 윌리엄 퍼킨(1838~1907)은 머리가 썩 좋고 부지런해서 독일에서 온 교장선생인 아우구스트 호프만(1818~1892)의 총애를 받아 1학년 때부터 학생이면서도 실험실 조교로 고용될 정도였다. 퍼킨은 호프만에게서 천연으로 산출되는 물질도 어느 때엔가는 실험실에서 인공적으로 만들어지게 될 것이라는 가르침을 받고, 키니네를 만들어 보려고 했다. 만약 이것이 성공하여 키니네를 인공적으로 합성할 수 있게 된다면 값이 싸져서 크게 사람들을 돕게 될 것이고 자기도 부자가 되리라고 생각했다.

전부터 퍼킨은 자기 집 지붕 밑 다락방에 작은 실험실을 만들어 연구하였는데 1856년 부활절 휴가를 이용해서 키니네 합성 실험을 시작했다. 콜타르에서 얻어지는 몇 가지 물질의 화학식이 키니네의 화학식과 비슷했으므로 그것들에 여러 가지 화학 처리를 하여 키니네를 만들려고 했다. 그러나 아무리 해도 성공하지 못했다.

마지막으로 콜타르에서 얻어지는 벤젠으로 만든 아닐린에 다이크로뮴산칼륨을 가하여 산화시켰더니 검은 침전이 생겼다. 또 실패했구나 생각하고 버리려 하다가 문득 그것을 알콜에 녹여보니 아름다운 보랏빛 용액이 만들어졌다. 비단천을 적셨더니 고운 보라색으로 물이 들고 비누로 빨아도 볕에 쬐어도 빛깔이 바래지 않았다.

「키니네는 만들지 못했지만, 어쩌면 염료가 만들어졌을지도 모르겠다」고 퍼킨은 생각하고 보라색으로 염색한 비단천을 큰 염료회사에 견본으로 보냈다. 「확실히 새롭고 훌륭한 염료」라는 화답이 왔다. 18세 소년 퍼킨은 춤을 추며 기뻐했다.

그 해 여름휴가에 퍼킨은 이 염료의 실용적 제조법을 확립하여 특허를 땄다. 1857년에는 학교를 그만두고 아버지와 형에게서 자금을 얻어 공장을 세워 염료를 생산하고 「모브」라는 이름을 붙여 발매했다.

기술적으로도 여러 가지 어려운 문제가 있었고, 고지식한 염색업자들에게 새 염료를 채용하게 하는 데는 숱한 어려움이 따랐으나 젊은 퍼킨의 노력과 열의가 그것들을 이겨냈다. 운 좋게도 그 무렵 파리의 보라색 의상의 유행이 영국으로 번져 폭발적으로 유행했다. 모브는 팔리고 또 팔려 퍼킨은 20대에 갑부가 되었다.

이 모브를 기점으로, 콜타르를 출발점으로 한 합성염료 공업이 크게 발전하여 인도남, 꼭두서니 등의 천연염료를 몰아내게 되었다. 또 이것은 오늘날의 플라스틱이나 화학섬유공업의 개막이기도 했다.

43. 뱀꿈이 분자구조를 가르쳤는가?

독일의 화학자 프리드리히 아우구스트 케쿨레(1829~1896)에게는 잠이 들었는지 깨었는지 분간 못할 비몽사몽한 상태로 꿈을 꾸는 버릇이 있었는데, 그 꿈이 두 번씩이나 대발견의 계기가 되었다.

19세기 중엽 화학자들은 원소마다 결합하는 힘을 가리키는 수, 즉 원자값을 배당하여 짧은 선, 즉 결합수(結合手)로 나타내는 것이 관습이었다. 이를테면 수소는 1개, 산소는 2개, 질소는 3개, 탄소는 4개의 결합수를 갖고 있다. 그리고 저마다 결합수로 악수하는 모양으로 화합물을 만들었다. 예를 들어 산소는 2개의 수소와 손을 잡고 물을 만들고, 탄소는 4개의 수소와 손을 잡고 메탄을 만들었다.

그러나 탄소와 수소의 화합물은 많은 종류가 있고, 탄소와 수소 원자가 각각 몇 개에서 수십 개나 결합된 것이 많았다. 이 탄소 원자와 수소 원자가 어떤 결합방법을 하는지 잘 알 수 없었다. 간단한 예로 메탄을 들면 탄소 2원자와 수소 6원자로 되었는데, 결합수는 탄소가 합계 8개이고 수소는 6개이므로 셈이 맞지 않는다.

케쿨레가 이 수수께끼를 푸는 힌트를 얻은 것은, 1854년 런던에 강사로 파견된 어느 날 밤, 친구 집에 놀러갔다가 돌아오는 마지막 버스의 2층 좌석에 타고 있었을 때의 일이다. 명청하게 앉아 있는 동안에 꿈을 꾸었는데 눈앞에서 커다란 원자나 작은 원자가 마구 춤을 추고 있었다. 그러던 중에 큰 원자가 차례로 이어져 사슬을 만들고, 그 끝에만 작은 원자가 붙었다. 차장의 고함소리에 퍼뜩 눈을 떴을 때 그에게 아이디어가 떠올랐다. 즉 탄소 원자는 서로 손을 잡고 긴 사슬을 만들고, 그것에 수소 원자가 결합한다는 구조였다. 이 같은 탄소와 수소의 화합물을 사슬식 화합물이라고 한다.

그러나 탄소 6원자와 수소 6원자로 이루어진 벤젠 같은 화합물은 이것으로도 설명이 되지 않았다. 1865년 어느 날 밤 케쿨레는 집에서 교과서를 집필하고 있었다. 그다지 마음이 내키지 않아 의자에 앉아 난롯불을 쬐면서 졸기 시작했다. 또 꿈속에서 원자가 춤을 추기 시작했다. 이번에는 원자가 길게 이어져 뱀처럼 감겨 꿈틀거리면서 움직이고 있었다. 그런데 갑자기 뱀 한 마리가 자기 꼬리를 물고 원이 되어 맴돌기 시작했다. 케쿨레는 놀라 깨어났다.

그날 밤을 새면서 궁리 끝에 벤젠은 6개의 탄소 원자가 이어져 육각형의 원을 만든다는 구조 이론을 수립했다. 이 원은 잘 깨지지 않으며 이것을 갖고 있는 화합물은 방향족(芳香族) 화합물이라고 한다.

케쿨레의 구조 이론에 의해 탄소와 수소의 많은 화합물을 정리 및 분류할 수 있게 되었고, 또 벤젠을 출발점으로 해서 매우 많은 중요한 방향족 화합물을 합성할 수 있게 되었다. 이것은 모두 꿈의 계시에서 얻어진 성과였다.

44. 난로에 떨어뜨린 고무에서 대발명이 이루어졌는가?

"만약 모자에서 코트, 조끼, 바지, 신발까지 몸에 걸친 것이라곤 모조리 고무로 만든 것을 입고, 고무제품으로 된 지갑-돈은 한 푼도 없는-을 가진 사나이를 보면 그가 바로 굿이야."

1840년께 미국 코네티컷 주 뉴헤이븐 주민들은 그렇게 조롱했다. 확실히 찰스 굿이어(1800~1860)는 고무에 신들린 사나이였다. 평생을 가난하게 살면서 몇 번이나 빚을 갚지 못해 투옥되었다. 그러나 그는 외곬의 생각으로 고무 제조법, 품질 개량법 연구에 평생을 바쳤다.

고무는 남아메리카에서 자라는 고무나무의 수액을 모아 굳힌 것인데, 처음에는 지우개로 쓸 정도의 용도밖에 없었다. 그러나 1823년에 영국의 매킨토시가 이것을 천에 발라 방수천을 만들고 나서부터 그 수밀성, 기밀성이 주목을 끌었다. 다만 생고무는 여름에는 고온에 녹아 끈적끈적해지고, 겨울에는 반대로 딱딱하게 굳어버리는 흠이 있었다. 고무를 실용화하려면 먼저 이 결점을 개량하는 것이 절대 필요했다.

굿이어는 1830년경부터 고무의 품질 개량에 나서 고무에 산화 마그네슘을 섞어 석회수로 쪄 표면을 매끈하게 하는 방법을 고안했지만 실용되지 못했다. 다음에는 고무를 산에 쪄 끈적거리는 성질을 제거하는 방법을 발견했다. 그는 뉴욕에 회사를 설립하고 이 고무로 테이블크로스, 에프론 따위를 만들었지만 1836년의 금융공황으로 파산하고 말았다.

1837년 고향 뉴헤이븐으로 돌아온 그는 나다니엘 헤이워드와 알게 되었다. 헤이워드는 고무표면에 황가루를 발라 햇볕에 말려 품질을 개량하는 방법을 고안하여 특허를 땄다. 굿이어는 이 특허를 사들여 공동으로 정부에서 주문받은 고무 우편 행낭을 만들었으나 또 실패했다.

1839년에 그는 고무와 황을 테레빈유에 섞어 쪄보려 했다. 그것을 담은 냄비 손잡이를 잡고 친구와 토론을 하다가 무의식중에 흔들어 댔다. 그러자 냄비에서 고무덩어리가 빨갛게 단 난로 위에 떨어졌다. 보통 고무라면 열에 녹아 흐를 터인데 이 고무는 본래의 형태로 그을기만 했다.

굿이어의 머리를 스쳐가는 생각이 있었다. 고무에 적당한 양의 황을 섞어 적당한 온도로 적당한 시간만큼 가열한다면 끈적거리지 않는 고무가 만들어질 것이다. 그는 다시 실험과 연구를 거듭하여 결국 고무의 가황법을 확립했다.

이것은 후에 고무공업의 발전의 기초가 되었다. 그러나 이 발명은 굿이어 개인에게는 아무 이익도 주지 않았다. 평생 동안 다른 사람의 특허 침해와 싸워야 했고, 죽었을 때에는 20만 달러의 부채 밖에 남지 않았다고 한다.

45. 다이너마이트의 발명은 깡통이 갈라졌기 때문인가?

세계의 화약왕이며 노벨상 창설자인 알프레드 노벨(1장-6 참조)은 다이너마이트를 발견한 것으로 (1867년 특허 획득) 알려져 있는데, 이 발명과 관련해 유명한 에피소드가 전해진다.

이보다 앞서 노벨은 니트로글리세린이라는 액체폭약을 제조하여 판매하였었다. 이것은 흔들기만 해도 폭발하는 위험한 것이었다. 그래서 이것을 운반할 때는 깡통에 넣고, 그 깡통을 나무상자에 넣고, 빈틈에는 규조토라는 하얀 가루로 된 물질을 채워 움직이지 못하게 했다.

그런데 어느 날 직공이 짐을 풀다가 깡통 하나에 금이 가있어 새어버린 것을 발견했다. 그런데 스며 나온 니트로글리세린은 규조토에 모두 흡수되어 상자 밖으로는 하나도 새나오지 않았다.

이것을 들은 노벨은 굉장한 아이디어가 떠올랐다. 곧 실험을 해보았더니 규조토는 자기 무게의 3배나 되는 니트로글리세린을 흡수한다는 것을 알게 되었다. 그리고 이 니트로글리세린을 적신 규조토 덩어리는 매우 둔감해져 흔들거나 두드려도 폭발하지 않으며, 불을 당겨도 폭발하지 않았다. 그러나 역시 노벨이 발명한 신관을 사용하면 잘 폭발하고, 더구나 폭발력이 순수한 니트로글리세린에 비해 그다지 떨어지지 않았다.

이 우연한 발견이 힌트가 되어 노벨은 다이너마이트를 발명했다고 한다. 이 에피소드는 널리 알려졌으나 노벨 자신은 부정하고 있다. 그의 말에 따르면, 그 전부터 니트로글리세린을 흡수하는 물질을 발견하려고 톱밥, 숯, 벽돌가루 등 여러 가지로 시험해 보았지만 잘 되지 않았다. 마지막으로 규조토를 시험해 보았더니 그 목적에 딱 들어맞는다는 것을 알았다고 한다. 우연한 발견이 아니라 조직적인 연구 결과였다는 것이다.

노벨의 폭파 젤라틴의 발명에 대해서도 에피소드가 전해진다. 1875년 그가 니트로글리세린을 실험하고 있을 때, 실수하여 손가락을 베었다. 그래서 당시 많이 사용되던 물 반창고인 콜로디온을 발랐다. 콜로디온은 금방 말라 상처를 막아주는 작용을 한다. 노벨은 그대로 실험을 계속했다. 그 중 일부가 콜로디온에 묻었다. 그러자 놀랍게도 콜로디온의 모습이 일변하는 것이 아닌가.

그는 이 힌트를 놓치지 않고 콜로디온을 사용하여 연구를 시작했다. 굳어진 콜로디온을 잘게 썰어 니트로글리세린에 섞어 가열했더니 투명한 젤리상태의 물질이 만들어졌다. 이 젤리는 다이너마이트보다 강력한 폭약임을 알게 되어 이것에 폭파 젤라틴이라는 이름을 붙였다. 이 우연한 발견에 대해서는 노벨도 인정하였다.

46. 알루미늄을 찾다가 카바이드를 얻었는가?

알루미늄은 1886년에 미국의 찰스 마틴 홀(1863~1914)과 프랑스의 폴 루이 에루(1863~1914)가 각각 독립적으로 산화알루미늄에 빙정석(氷晶石)을 섞어 용융해서 전기분해를 하는 방법을 발견하면서 대량생산 단계가 가능해졌다. 그 때까지는 귀금속만큼 값이 비쌌다. 그러므로 알루미늄의 간편한 제조 방법을 발견하면 큰 부자가 될 수 있을 것이라 하여 세계의 발명가들이 혈안이 되었다.

미국의 노스캐롤라이나 주에서 무명 공장을 경영하던 제임스 모어헤드도 그 중 한 사람이었다. 그에게 캐나다의 발명가라고 자칭하는 T. L. 윌슨이 솔깃한 이야기를 들고 왔다. 철을 제련할 때처럼 산화알루미늄에 숯을 섞어 강열하면 환원되어 금속 알루미늄이 된다. 다만 철의 경우보다 훨씬 고온이 필요하므로 용광로가 아니고 전기로를 써야 한다.

이 말을 들은 모어헤드는 회사를 설립하고 윌슨의 지도 아래 알루미늄 제조에 나섰다. 물론 알루미늄은 이런 방법으로 환원될 만큼 만만한 상대가 아니어서 금방 실패했다.

윌슨은 끈덕지게도 다시 제2의 방법을 제안했다. 바로 생석회(산화칼슘)에 숯을 섞어 강열하여, 환원시켜 금속칼슘을 만드는 것이다. 그 금속 칼슘을 산화알루미늄에 섞어 강열해서 산소를 빼내고 알루미늄을 분리한다. 후반은 이론적으로는 성립되지만, 전반은 앞의 산화알루미늄과 같아 역시 불가능하다.

그러나 모어헤드는 다시 이 제안에 넘어갔다. 윌슨은 생석회에 탄소원으로 콜타르를 섞어 전기로로 강열했다. 그 결과 결정구조가 만들어졌고, 금속광택이 있었다. 예상대로 금속 칼슘이 만들어진 모양이다.

그것이 금속 칼슘이라는 것을 확인하기 위해 물 속에 넣었다. 칼슘이라면 물을 분해해서 수소를 만들어 낼 것이다. 그 결과 부글부글 거품이 일었고 불길을 가까이 갖다 대자 확하고 불이 붙었다. 수소라면 불길이 빛깔이 없을 것이다.

이것이 1892년의 일이었다. 자세히 조사한 결과 카바이드, 즉 탄화 칼슘이 만들어졌는데 이것을 물에 넣었을 때 생기는 기체가 아세틸렌 가스라는 것을 알았다. 알루미늄 제조의 꿈은 깨졌지만 대신 카바이드의 실용적 제조 방법을 알아낸 셈이다. 모어헤드와 윌슨은 계속하여 제조방법을 연구 및 개량하여 미국의 특허를 땄다. 그 후 카바이드의 제조방법은 오늘날까지 본질적으로 달라진 것이 없다.

47. 검은 종이를 꿰뚫는 빛은 무엇인가?

19세기 중엽을 지나자 기체방전 연구가 매우 활발해졌다. 긴 유리관 양쪽 끝에 양과 음의 전극을 봉입하여 높은 전압을 걸면서 진공펌프로 공기를 뽑는다. 공기가 아주 희박해지면 관내는 불그스레한 연한 빛이 나는데, 공기를 더 뽑으면 거의 진공 상태가 되어 복숭아 빛깔의 빛이 없어지고 대신 양극 가까이의 유리벽이 연한 녹색으로 빛나기 시작한다.

1859년 독일의 율리우스 플뤼커는 음극에서 양극으로 무슨 선이 지나가 유리벽에 부딪쳐 연한 녹색 형광을 낸다는 것을 규명했다. 이 선을 음극선이라 부르고 많은 사람들이 연구했지만 그 정체를 좀처럼 알아내지 못했다. 일반적으로 독일의 물리학자들은 음극선을 빛과 같은 전자기파(電磁氣波)라고 주장했고, 영국의 물리학자들은 미세한 입자의 흐름이라고 주장했다(입자가 옳다는 것이 증명된 것은 1897년이며, J. J. 톰슨이 전자의 흐름임을 밝혔다).

1894년에 독일의 필리프 레나르트는 유리벽에 구멍을 뚫고 얄팍한 알류미늄박을 바르면 음극선은 박을 뚫고 바깥으로 나간다는 것을 발견했다. 여기서 나온 음극선은 백금시안화바륨을 바른 형광 스크린에 비치면 밝은 빛을 내므로 그 존재를 쉽게 규명할 수 있다.

1895년, 독일의 뷔르츠부르크대학 교수 빌헬름 콘라트 뢴트겐(1845~1923)은 이 라나르트의 장치를 사용하여 음극선을 연구하였다. 음극선이 유리관에 부딪쳐 내는 녹색 형광은 연구에 방해가 되기 때문에 관을 두꺼운 검은 종이로 싸서 빛이 나오지 않게 했다. 실험실 창문의 블라인드를 내리고 캄캄하게 한 후, 문득 주위를 둘러보았더니 1m쯤 떨어진 테이블 위에 세워놓은 형광스크린이 밝게 빛나지 않은가. 그는 이상하다는 듯이 고개를 갸우뚱했다. 유리관은 검은 종이로 감쌌으므로 빛이 샐 턱이 없고, 음극선도 공기 속을 1m나 날아갈 수 없기 때문이었다.

결국 유리관에서 눈에 보이지 않는 선이 나와 형광스크린에 부딪쳐 빛을 낸다고 생각할 수밖에 없었다. 뢴트겐은 판과 스크린 사이를 판자나 천으로 차단해 보았으나 스크린은 여전히 빛을 냈다. 금속조각을 사이에 놓았더니 그 그림자가 비쳤다. 이 선은 판자나 천은 관통하지만 금속은 관통할 수 없었던 것이다.

뢴트겐은 아내에게 사진 건판 위에 손을 얹게 하고 이 선을 비쳤다. 반지를 낀 손가락뼈가 뚜렷이 찍혔다. 이 선은 뼈 아닌 인체를 관통하고, 또 사진에 감광된다는 것이 증명되었다. 이리하여 뢴트겐은 우연히 발견한 미지의 선에 대해 수학에서 미지의 양을 X로 나타내는 관습처럼 X선이라고 이름 붙였다.

48. 계속된 흐린 날씨가 방사능을 발견하게 했는가?

X선의 발견은 세상 사람들을 놀라게 하여 큰 화제가 되었다. 많은 과학자가 X선을 연구하게 되었는데, 프랑스의 물리학자 앙리 베크렐(1852~1908)도 그 중 한 사람이었다.

베크렐은 1896년 1월 파리에서 처음으로 전시된 X선 사진을 많은 관람자 속에서 구경한 후, 완전히 매혹되었다. 그 무렵 X선이 어떻게 생기는가 아직 분명하지 않았고, 어떤 과학자는 X선은 형광을 내는 유리벽이 발생시킨다고 했다. 베크렐은 아버지 대부터 형광을 연구하여 특히 형광을 내는 우라늄화합물을 상세히 조사하고 있었다. 유리가 형광을 낼 때 X선을 내는 것이라면 다른 형광물질도 X선을 낼 것이 아닌가. 베크렐은 잘 아는 우라늄화합물을 써서 새로운 X선원을 찾아내려 한 것은 자연스러운 일이었다.

그는 검은 종이로 잘 포장한 사진 건판에 우라늄화합물의 결정 하나를 붙이고, 또 가까운 데에 은화 하나를 붙인 위에 다른 결정 하나를 붙였다. 우라늄화합물은 햇볕을 쬐이면 형광을 낸다. 베크렐은 이렇게 준비한 사진 건판을 바깥에 장시간 두었다. 그 뒤에 건판을 현상해 보니 예상대로 첫째 결정을 놓은 부근은 밝게 감광되었고, 두 번째 결정을 놓은 것은 은화의 윤곽이 뚜렷이 찍혔다. 확실히 우라늄화합물은 형광을 내는 동시에 X선을 냈다. 베크렐이 기뻐한 것은 말할 것도 없다.

같은 해인 1896년 2월 26일 그는 다시 실험을 반복했다. 그러나 그날은 온종일 날씨가 흐렸다. 이틀을 두었어도 개인 날의 10분 동안의 형광도 내지 못할 것이 확실했다. 그는 날이 개일 때를 기다리기로 하고 이 건판을 일단 장 속에 두었다. 그러나 다시 이틀이 지나도 개이지 않았다. 단념하고 건판을 현상해 보았다. 우라늄화합물은 형광을 거의 내지 않았으므로 X선도 많이 나올 턱이 없고, 따라서 현상한 건판에는 전혀 상이 나타나지 않거나 나오더라도 지극히 희미하리라고 생각했다. 그런데 현상된 건판을 보자 어쩐 일인가? 상도 은화그림자도 먼젓번 실험 때와 똑같이 선명하게 찍혔지 않은가.

베크렐은 깜짝 놀랐다. 이 실험 결과는 우라늄화합물은 별이 없어 형광을 내지 않더라도 X선을 낸다는 것을 보여 주었다. 확인하기 위해 베크렐은 전과 마찬가지로 결정과 은화를 포갠 사진 건판을 준비하고 전혀 햇볕에 쬐지 않고 캄캄한 장 속에 며칠 그대로 두었다. 그리고 건판을 현상해 보았더니 역시 뚜렷한 상과 그림자가 나타났다.

이후 계속해서 연구를 진행하여 우라늄화합물이 내는 것은 X선이 아니라 전혀 다른 종류의 방사선이라는 것을 알게 되었다. 이 방사선의 발견은 원자의 비밀을 밝히고, 나아가서는 원자폭탄과 원자력을 낳는 출발점이 되었다.

49. 원자폭탄의 원리는 빗나간 연구에서 발견되었는가?

1934년 이탈리아의 물리학자 엔리코 페르미(1901~54)는 자연계에 존재하지 않는 원자번호 93 이상의 원소(초우라늄원소)를 인공적으로 만들었다고 발표하여 대단한 관심을 불러일으켰다. 페르미는 자연으로 존재하는 원소 중에서 제일 원자번호가 큰 92번 우라늄에 중성자를 충돌시켰더니 반감기가 각각 10초, 40초, 13분, 90분에서 베타선을 방출하여 붕괴하는 네 종류의 물질이 만들어졌다고 했다. 페르미와 그 동료들은 그전부터 주기율표의 각 원소에 차례차례로 중성자를 충돌시켰더니 하나의 예외도 없이 중성자가 충돌된 원자핵은 베타선을 내고 붕괴해서 원자번호가 하나 높은 원소로 변환했다. 그리하여 92번에서 93번 원소가 만들어졌다고 믿었던 것은 무리가 아니었다.

많은 물리학자들이 페르미의 결과를 추시하기 위한 실험에 착수했다. 독일의 오토 한(1879~1968), 리제 마이트너(1878~1968), 프리츠 슈트라스만과 더불어 1935년부터 초우라늄 원소를 연구했다. 그런데 우라늄에 중성자를 충돌시킨 다음 분석해 보았더니 어쩌면 10종류 이상의 물질이 나타나지 않는가. 이것은 아무래도 설명할 수 없었다.

1937년이 되어 프랑스의 이렌 졸리오퀴리(1897~1956)로부터 우라늄에 중성자를 충돌시켰더니 57번 원소인 란타넘과 흡사한 물질을 발견했다는 기별이 왔다. 놀란 한은 다른 분석법으로 처음부터 다시 실험하기로 했다. 먼저 라듐을 추출할 때 쓴 방법을 응용해서 중성자를 충돌시킨 우라늄에 바륨을 섞고, 보통 분석방법으로 바륨을 침전시켰다. 라듐은 바륨과 성질이 비슷하므로 바륨과 함께 침전할 것이었다. 이 경우도 방사능을 가진 물질이 바륨과 함께 침전했다. 한은 당연히 이 물질이 라듐이라고 믿었다.

그러나 그 후 아무리 해도 「라듐」을 바륨에서 분리할 수 없었다. 결국 그 「라듐」은 바륨이라고 단정할 수밖에 없었다. 어째서 중성자를 충돌시킨 우라늄에서 원자번호 56번의 바륨이 생겼을까? 한은 전혀 까닭을 알 수 없었으나 어쨌든 실험 결과를 1939년 처음으로 발표했다.

그러나 이 수수께끼는 나치스의 유태인 박해를 두려워하여 스웨덴으로 망명했던 마이트너에 의해 풀렸다. 중성자를 삼킨 우라늄은 거의 둘로 딱 쪼개져서(원자핵분열) 중위의 원자번호를 가진 많은 종류의 원소를 만들어냈다. 바륨도 란타넘도 또 처음에 한이 발견했던 10종류 남짓한 물질도 모두 그랬다. 이것은 물리학자의 상식의 허점을 찌른 현상이었다. 그 때 막대한 에너지가 방출된다는 것도 밝혀졌다. 원자폭탄에의 행진은 여기서 출발되었다.

5. 비운·불운의 과학자들

—그들의 운명을 바꾼 것은 무엇일까?

혁명파에 체포되는 라부아지에

50. 라부아지에는 왜 단두대에 올랐는가?

연소설을 깨뜨리고 근대 화학의 기초를 이룩한 대화학자 앙투안 로랑 라부아지에(30 참조)는 1794년 5월 8일 단두대에서 처형되었다.

그가 사형된 것은 1768년에 세금징수인조합의 일원이 되었기 때문이다. 세금징수인 조합이란 부유한 금융가들이 모여 만든 단체인데, 나라를 대신하여 세금을 징수하고, 그 중의 일정액만을 국가에 납부하고 나머지를 수수료로 자기들이 나눠가지는 조직이었다. 당연히 이익이 막대했고 더구나 세금을 많이 징수할수록 고스란히 그들의 이익이 되었기 때문에 세금징수에는 방법을 가리지 않았고, 무자비했다.

탈세나 밀수를 특히 엄중하게 단속했는데, 그 반면 그들의 경리는 산만했고, 이권을 지키기 위해 왕이나 왕의 애인, 고관들에게 고액의 뇌물을 준 것도 잘 알려졌다.

그래서 세금징수인 조합은 국민들이 모두 무서워했고 또 미움도 샀다. 그러나 라부아지에는 이 조합의 회원이 된 덕분으로 막대한 수입을 얻어 화학 실험 비용도 충분히 조달할 수 있었다.

1789년 프랑스 혁명이 일어났고, 2년 후인 1791년 국민의회는 세금징수인 조합을 폐지하기로 포고하고, 앞으로 2년 이내에 조합의 재정을 청산하여 보고하라고 명령했다. 그러나 조합원들이 이 일을 미루고 있는 동안에 혁명은 더욱 첨예화해서 1792년에 왕제가 폐지되고, 공화국이 탄생하였다. 세금징수인들에 대한 추궁도 엄해져 1793년에는 국민의회의 명령으로 조합원이 모두 체포되었다.

1794년 5월 조합원에 대한 재판이 시작되었다. 재판장은 코피나르라는 무지막지한 사나이였다. 죄상은 갖은 착취와 횡령으로 프랑스 국민에게 손해를 끼쳤고, 국고에 바쳐야 할 돈을 빼돌렸고, 담배에 물을 섞어 무게를 늘려 시민의 건강을 해쳤다는 등등이었다. 재판이 진행되는 동안에 라부아지에가 이전에 화약의 제조, 미터법의 제정 등 국가에 공헌한 공적을 들어 정상참작을 호소하였다. 또 그가 현재 하고 있는 중요한 실험이 완료될 수 있게 판결을 앞으로 2주일만 더 늦춰달라고 청원서가 제출되기도 했다. 그러나 코피나르는

"공화국은 과학자를 필요로 하지 않는다. 재판은 진행되야 한다"

고 잘라 거절했다고 한다.

결국 세금징수인 대부분에게 사형이 선고되고, 관례에 따라 판결 몇 시간 후에 처형이 집행되었다.

그리고 나서 두 달 후 공화국의 독재자 로베스 피에르가 실각하여 그와 함께 재판장 코피나르도 단두대에서 처형되었다. 그렇게 되자 프랑스에서는 아무 두려움도 없이 자기 의사를 말을 할 수 있게 되고, 수많은 과학자들이 공공연히 라부아지에의 사형을 애석해 했다. 유명한 수학자이며 과학자인 라그랑주는

"그의 머리를 치는 데는 단 한 순간 밖에 걸리지 않았지만, 그와 같은 머리를 또 하나 만드는 데는 100년이 걸려도 부족할 것이다"

라고 말했다.

51. 이탈리아로부터 3차 방정식의 해석법을 훔친 사람은 누구인가?

이탈리아의 니콜로 폰타나(1499~1557)는 13세 때 고향 브레시아를 점령한 프랑스군 병사에게 칼로 턱과 입천장이 잘려 말이 부자연스럽게 되었다. 그래서 타르탈리아(더듬는 사람)라는 별명이 붙었는데, 이것을 필명으로 썼기 때문에 후세에는 니콜로 타르탈리아로 통한다.

그는 수학을 공부하여 1534년에 베니스에서 교사가 되었다. 그는 $x^3+px^2=n$이라는 형식의 3차 방정식을 풀 수 있다고 떠벌렸었다. 안토니오 마리아 피오르라는 수학자가 이를 듣고, 이듬해 그에게 수학 시합을 신청했다. 타르탈리아는 이 도전에 응하기로 했는데, 피오르의 선생인 볼로냐대학 교수 스키피오네 델 페로(1465~1526)가 발견한 $x^3+mx+n=0$이라는 3차식 해법을 알고 있다는 말을 듣고는 파랗게 질렸다. 페로는 자기의 발견을 비밀로 했기 때문에 타르탈리아는 감쪽같이 몰랐다. 타르탈리아는 당황해서 전력을 기울여 이 3차식을 풀려고 머리를 싸매어 겨우 시합 날이 되어 가까스로 풀었다. 그래서 시합에 이길 수 있었다. 이것은 지금의 3차식 해법과 같은 것이었다.

잘 아는 사이인 지롤라모 카르다노(1501~1576)가 이 소식을 듣고 타르탈리아에게 3차식 해법을 가르쳐 달라고 물어왔다. 카르다노는 뛰어난 수학자인 동시에 의사이기도 하고 천문학, 물리학, 연금술에도 통달했었다. 타르탈리아는 마음이 내키지 않았으나 하도 끈질기게 부탁하여 자기가 저서로 발표할 때까지는 절대로 세상에 누설하지 않겠다는 약속을 받고 카르다노에게 가르쳐 주었다.

그런데 카르다노는 이 약속을 어기고 1545년에 낸 자기의 저서 『위대한 방법』에서 발표해버렸다. 타르탈리아는 몹시 화를 내며 이듬해 낸 자기 저서 『여러 가지 의문과 발견』에서 카르다노의 처사를 비난했다.

그런데 카르다노의 젊은 제자 로도비코 페라리(1522~1565)가 선생 편을 들어 타르탈리아에게 반론하고 나섰다. 이것이 방아쇠가 되어 타르탈리아와 페라리 사이에 여섯 번이나 비난하는 편지가 오갔고, 결국 1548년 밀라노에서 공개 수학 시합으로 쌍방이 주장의 정당성 여부를 가리기로 했다.

페라리는 젊지만 벌써 4차 방정식의 해법(지금도 페라리의 해법이라고 불린다)을 발견한 정도여서, 몹시 똑똑하고 더구나 구변이 좋았다. 말더듬이 타르탈리아는 결국 시합에 지고 말았다.

승리한 페라리는 단번에 유명해져서 나중에 볼로냐대학의 교수로 발탁되었다. 그러나 가엾은 패배자 타르탈리아는, 그때까지 있던 브레시아의 강사직도 면직당하고 베니스로 돌아가야만 했다.

그뿐만 아니라 그가 발견한 3차 방정식의 해법은 「카르다노의 해법」으로 불리게 되고 그대로 현재까지 이 이름으로 통한다.

52. 아벨의 대논문은 왜 벽장 속에서 썩었을까?

닐스 헨리크 아벨(1802~1829)은 노르웨이 남단에 가까운 한 촌에서 목사의 아들로 태어났다. 중학교를 거쳐 대학에서 교수의 따뜻한 지도 아래 수학의 재능이 뛰어났다. 18세 때 아버지가 돌아가시어 어머니와 여섯 동생을 보살펴야 할 책임이 그에게 맡겨져 가난에 찌들리면서도 포기하지 않고 수업료 면제,

장학금 등으로 공부를 계속했다.

대학을 나온 2년 후 최소 한도의 경비가 나라에서 지급되어 외국유학을 가게 되었다. 먼저 베를린으로 가서 수학자 아우구스트 크렐레(1780~1855)를 만나 몹시 총애를 받고 오래도록 원조를 받았다. 아벨의 제안으로 크렐레는 1826년에 『순수·응용수학잡지』를 창간했는데, 이것은 『크렐레지』라고 불리어 권위 있는 전문지로서 지금도 간행되고 있다.

1826년 아벨은 베를린을 떠나 파리로 갔으나 친구도 사귀지 못해 고독했다. 그러나 연구를 계속하여 타원함수에 관한 논문을 파리 과학아카데미에 제출했다. 논문은 자신이 있었는데 아무리 기다려도 예회에서 낭독되지 않았다. 그도 그럴 것이 논문 심사위원인 대수학자 오귀스탱 루이 코시(1789~1857)는 논문을 읽지도 않고 그대로 팽개쳐 두었었다. 아무리 기다려도 소식은 없고, 돈도 떨어져 아벨은 반년 후 베를린으로 되돌아갔다가 1827년 5월 노르웨이로 돌아갔다.

아벨은 타원함수의 논문을 다시 써서 1827년 9월에 나온 크렐레지의 제2권에 실었다. 그런데 놀랍게도 같은 달에 발행된 『천문학보고』라는 잡지에 독일의 카를 구스타프 야코비(1804~1851)가 똑같은 타원함수의 논문을 발표하였다. 자기 외에는 이 주제에 손을 댄 사람이 없는 줄 믿었던 아벨은 이 소식을 듣고 창백해지면서 하마터면 실신할 뻔 했다고 한다. 그러나 그는 마음을 가다듬고 야코비의 연구를 웃도는 논문을 써서 『천문학보고』 1826년 6월호에 발표했다.

이 해 3월에 아벨은 겨우 대학 강사가 되었으나 이미 과로 때문에 폐결핵이 심해져 이듬 해 27살의 젊은 나이로 죽었다.

야코비는 아벨의 논문을 읽고 감격하여 "도저히 자기가 미칠 바가 못 된다"고 칭찬했고, 아벨이 이미 2년 전에 논문을 파리에 제출하였으나 무시되었다는 것을 알자 의분을 느꼈다. 야코비의 항의를 받고 파리 과학아카데미는 놀라 찾아보았더니 아벨의 논문이 벽장 구석에서 발견되었다.

아카데미는 이 논문을 위해 새삼스럽게 예회에서 낭독하고 이 논문과 야코비의 논문에 그랑프리를 수상하기로 결정했다. 그러나 아벨은 이미 이 세상 사람이 아니었다.

53. 결투 전야에 쓴 유서에 갈루아는 무엇을 남겼는가?

아벨의 수학상의 업적으로는 앞에서 말한 타원함수의 연구 외에도 「일반적인 5차 방정식은 대수적으로는 풀 수 없다」는 것을 증명하였음이 알려져 있다. 이것을 아벨과는 별도로 비슷한 시기에 유사한 방법으로 해결한 것이 프랑스의 에바리스트 갈루아(1811~1832)다. 갈루아도 아벨처럼 아주 젊은 나이에 생을 마감한 점이 묘하게 공통적이다.

갈루아는 아벨과는 반대로 경제적인 고생을 모르고 자랐다. 일찍부터 수학에 천재성을 보였으나 인정하는 사람이 없었다. 17세 때 방정식에 관한 논문을 과학아카데미에 제출했는데 이때에도 심사원 코시가 묵살하였고 나중에 분실되었다.

명문교 에콜 폴리테크닉(이공과 대학)의 입학시험에 두 번 실패하고, 1829년 에콜 노르말(고등사범학교)에 들어갔다. 그 사이에 방정식에 관한 논문을 다시 과학아카데미에 제출했는데 이번에도 논문을 심사하려고 집으로 가져간 수학자 푸리에가 갑자기 죽었기 때문에 또 논문이 행방불명이 되었다.

더욱이 부친의 자살 등 불운이 겹쳐 갈루아의 사상이 급변하여 "천재가 부당하게 냉대되고, 보잘 것 없는 범인들이 판치는 추악한 사회 기구"를 개혁하기 위해 혁명 운동에 열중하게 되었다. 그 때문에 학교에서 추방되고, 체포되어 1831년에 6개월의 금고형을 받고 형무소에 수감되었다. 그러나 콜레라에 걸렸기 때문에 1832년 3월 가출옥이 허가되었다.

이 때 그의 생애에서 단 한 번의 연애사건을 일으켰다. 별로 신통치 않은 여성에게 반했다. 그 때문에 그가 5월 29일 정직으로 석방되자 그 여성의 약혼자라고 자칭하는 사나이로부터 결투의 도전을 받았다(이것은 갈루아를 위험한 혁명주의자로 보고 없애버리려고 꾸민 우익세력이 함정을 판 것이라고도 한다). 그는 도전을 승낙하고 31일에 결투하기로 했다.

전날 밤 그는 자기가 죽을 것으로 예상하고 밤을 새워 친구 오귀스트 슈발리에에게 유서를 썼다. "친애하는 벗이여! 나는 해석학에서 몇 가지 발견을 했네"로 시작되는 이 편지에서 그는 자신의 수학상의 견해를 전개하고 군(群)의 개념을 써서 방정식을 대수적으로 풀기 위한 조건을 제시하였다. 그리고 "이 편지를 「르뷔 앙시클로페디크」에 발표해 주게나…공개장을 내어 야코비, 또 가우스에게 내정리(定理)의 정당성이 아니고, 그 중요성에 대한 의견을 물어 주게."라고 끝맺었다. 이 편지의 내용은 14년 후에 프랑스의 수학자 리우빌에 의해 발표되어 후세에 큰 영향을 미쳤다.

한편 결투날인 5월 31일 이른 아침, 갈루아와 상대편은 서로 권총을 겨눴다. 갈루아는 배를 맞고 쓰러졌고 상대는 피투성이가 된 그를 내버려둔 채 달아나 버렸다. 근처 농부가 그를 발견하여 병원으로 운반했다. 단 하나뿐인 육친 동생이 기별을 받고 달려와 가까스로 임종을 지켰다. 비탄에 젖은 동생에게 갈루아는 "울지마. 스무 살로 죽는 데는 큰 용기가 필요한 거야."하며 도리어 위로했다. 그는 그날 아침에 죽었다.

54. 기계와 발명가는 실업자의 적인가?

새로운 기계나 기술의 도입이 반드시 모든 사람에게 환영받았던 것만은 아니다. 특히 산업혁명의 초기 단계에는 그 때문에 일을 빼앗겨 생활에 위협을 받을지 모르는 기존 업자나 고용된 직공, 노동자들로부터 맹렬한 저항을 받는 일이 많았다.

일종의 합리화 반대, 생활권 옹호 투쟁으로 이해할 수는 있지만 그 화살이 새 기술의 도입으로 이윤을 올리려는 산업자본가보다는 도리어 그것을 발명한 기술자 내지 기계 자체에 쏠린 일이 많았던 것은 가슴 아픈 일이었다.

산업 혁명 초기를 화려하게 장식하는 영국의 방직 기계 발명가, 개량자들이 모조리 그런 박해를 당했다. 먼저 존 케이(1704~1764)는 직조기에서 유명한 「비사(플라잉 셔틀)」를 발명하여 1733년에 특허를 땄다. 이것은 종래 두 사람 몫의 일을 혼자서 할 수 있는 획기적인 것이었다. 그러나 직물업자들은 멋대로 이 발명을 도용하고, 결탁해서 케이에게 특허 사용료를 치루지 않았기 때문에 케이는 특허 분쟁으로 돈을 다 써버리고 프랑스로 건너가 가난 속에 죽었다.

그러나 직조기의 능률이 좋아지자 이번에는 재료가 되는 실의 생산이 따르지 못하게 되어 실 기근 상태가 일어났다. 제임스 하그리브스(1720~1778)는 8개의 방추를 배열하여 수동으로 한꺼번에 여덟 가닥의 실을 뽑을 수 있는 제니방적기를 발명했다.

그러나 이 기계를 만들어 판매하려고 준비하던 중 근처의 방적 직공들이 직업을 잃게 될지 모른다는 두려움에서 그의 집을 습격해서 기계를 마구 파괴해 버렸다. 하는 수 없이 1768년에 그는 다른 곳으로 옮겨 다시 개량을 거듭해서 1770년에 제니방적기의 특허를 땄다.

잇달아 리처드 아크라이트(1732~1792)는 동력으로서 처음으로 인력이 아닌 수력을 사용하여 제니방적기보다 튼튼한 실을 더 능률적으로 생산하는 방적기계를 발명하여 1769년에 특허를 받았다. 그는 이 새 기계를 생산하기 위해 각지에 공장을 세웠는데 1776년에 직장을 잃은 방적 직공들의 습격을 받아 공장이 파괴되었다.

기계에 대한 반항의 마지막이자 가장 대규모였던 것은 1811년 말부터 이듬해에 걸쳐 랭커셔 등 모직물 공업지구를 휩쓴 러다이트 운동일 것이다. 이것은 네드 러드, 통칭 킹 러드라는 알쏭달쏭한 인물을 수령으로 하는 일단인데 복면하고 밤중에 공장을 습격해서 파괴했다. 그러나 개인에게는 해를 가하지 않았기 때문에 지역 주민들로부터 어느 정도 공감과 지지를 얻었다. 정부는 이에 엄한 탄압을 가했고, 1813년에 대량 재판에 의해 교수형, 유배형에 처해진 사람이 많이 나왔다.

1816년에도 나폴레옹 전쟁 후의 불경기를 계기로 같은 폭동이 일어났지만, 엄중한 탄압과 경기회복으로 곧 진압되었다.

55. 머독은 기관차의 연구를 왜 금지당했는가?

영국의 두메산골에서 태어난 윌리엄 머독(1754~1839)은 선천적으로 솜씨가 뛰어난 기계공으로 23세 때 버밍엄의 볼턴 와트 상회에 고용되었다. 약 2년 후부터 콘월의 광산 지방으로 출장나가 1799년까지 이곳 레드루스라는 읍에 정착해서 광산에서 쓰는 펌프용 와트 증기 기관의 장치, 보수, 수리에 종사했다.

이 동안 증기 기관의 구조에 정통했으므로 자력으로 도로 위를 달릴 수 있는 기관차 연구를 시작했다. 일하는 틈틈이 하나하나 부품을 조립해서 드디어 1784년 소형 모형을 완성했다. 길이 약 47㎝, 높이 약 35㎝로 바퀴가 앞에 하나, 뒤에 둘이 붙어 있었다. 구리로 만든 보일러를 알코올램프로 가열하여 만들어진 증기를 지름 4분의 3인치, 길이 2인치의 실린더에 넣어 피스톤을 움직여 차를 달리게 했다.

처음에는 집안에서 실험을 하였는데 잘되어 집 밖에서 실험해 보기로 했다. 광산 일을 마치고 밤에 읍에서 1마일쯤 떨어진 교회 앞 평평한 도로에 모형 기관차를 끌고 나갔다. 보일러에 불을 붙이자 기관차는 힘차게 달리기 시작하여 그가 전속력으로 뒤를 좇았지만 너무 어두워서 금방 놓쳐버렸다. 이때 공교롭게도 목사가 읍으로 나가려고 교회에서 나왔다. 캄캄한 어둠 속에서 별안간 무엇이 굉장한 속도로 불길을 뿜어대며 소리를 지르고 침을 튕기며 그에게 덤벼들었다. 목사는 필경 악마의 습격을 받은 것이라고 생각하고 그 자리에 털썩 주저앉아 「사람 살려」 하고 소리쳤다.

머독은 당황해서 뛰어가 목사에게 설명하고 간신히 진정시킨 후 다시 기관차를 좇아가 겨우 붙잡았다.

버밍엄에 있던 와트는 머독이 기관차에 골몰하고 있다는 소문을 듣고, 쓸데없는 일에 미쳐 회사 일을 소홀히 한다면 낭패라고 걱정했다. 그래서 동업자인 볼턴에게 머독을 만나서 실험 연구를 그만 두게 설득하라고 부탁했다. 볼턴은 콘월로 가다가 용케도 중간에서 머독을 만났다. 때마침 머독은 기관차의 특허를 신청하려고 런던으로 가던 도중이었다.

볼턴은 극구 설득했고, 결국 머독은 가까스로 기관차를 단념하고 콘월로 돌아가기로 승낙했다. 만약 머독이 그대로 증기기관차의 연구를 추진했더라면 트레비딕(1장-5 참조)이 아니고 그가 증기 기관차의 발명자가 되었을 것이다.

그러나 그는 마음을 고쳐먹고 이번에는 석탄을 건류(乾溜)해서 가스를 얻어 등불로 쓰는 연구를 시작했다. 오늘날의 도시가스 사업은 그의 노력으로 시작된 것이다.

56. 멘델의 유전법칙은 왜 34년 동안이나 파묻혔는가?

동식물을 교배해서 잡종을 만들 때, 양친의 형질이 자손에 어떤 규칙적인 수적 비율로 나타난다는 멘델의 유전법칙은 잘 알려졌다. 이 법칙을 발견한 것은 오스트리아의 성직자 그레고어 요한 멘델(1822~1884)이다.

멘델은 고학으로 고등학교를 나온 후, 브르노 시의 교회의 신부가 되었는데, 1851년부터 2년 동안 교회에서 학비를 얻어 빈 대학에 들어가 수학, 물리학, 박물학을 공부했다. 브르노로 돌아와 1854년부터 주립 이공과 학교의 교사가 되어 1868년 교회 신부에 임명되기까지 줄곧 교사직에 있었다.

이 동안 1856년부터 그는 교회 뜰에 여러 가지 식물을 심어

생물학 실험을 시작했다.

그가 유전연구에 착수한 것은 색다른 화초를 만들려 했기 때문이다. 그러기 위해 품종이 다른 1대를 교배했을 때, 그 형질이 어떻게 2대에 전해지는가를 조사할 필요가 있었다.

그래서 제일 연구하기 쉬운 식물로서 완두를 선택하고, 또 뚜렷이 구별할 수 있는 유전형질로서 키가 큰 것, 작은 것, 꼬투리의 빛깔이 파란 것, 노란 것 등 일곱 가지 성질에 착안했다. 그리고 1대에서 잡종을 만들고 그 후 거기서 난 것끼리 자화수분(自花受粉)을 시켜 어떤 형질의 자손이 얼마만큼이나 만들어지는가를 조사했다.

이리하여 8년 동안에 걸쳐 225회의 인공교배를 한 결과 우열의 법칙, 분리의 법칙, 독립의 법칙으로 이루어지는 멘델의 법칙을 확립할 수 있었다.

멘델은 1865년 브륀자연연구회라는 학회에서 자기의 연구결과를 두 번에 걸쳐 발표했다. 이듬해는 「브륀자연연구회 회보」에 실려 유럽 각지의 학자들에게도 보내졌다. 그러나 아무 반응이 없었다.

어째서 이 중요한 논문이 이후 34년 동안이나 사람들의 주목을 끌지 못했느냐에 대해서는 여러 가지 얘기가 있다. 게재된 잡자기 그다지 사람들에게 알려지지 않은 것이었다는 주장은 큰 이유가 되지 못한다. 무엇보다도 당시 다윈의 진화론이 열광적인 주목을 끌었고, 견실한 잡종의 실험적 연구에는 아무도 관심을 갖지 않았던 분위기 탓이었을 것이다.

멘델의 연구가 당시로서는 드문 일이었고, 또 수학적으로 처리가 되었다는 것도 익숙하지 않았던 사람들에게는 생소했을 것이 확실하다.

1900년이 되어 같은 잡종 연구에 착수한 네덜란드의 더프리스, 독일의 코렌스, 오스트리아의 체르마크에 의해 멘델의 논문이 동시에 재발견되었다. 그 후 유전학은 멘델의 법칙을 기반으로 급속한 발전을 보였다. 불우했던 멘델이 늘 되풀이했다는 "내 시대가 반드시 온다"는 말이 끝내 실현된 것이다.

57. 베게너의 대륙 이동설은 꿈같은 이야기인가?

1910년 독일의 기상학자이자 탐험가인 알프레트 베게너(1880~1930)는 세계지도를 들여다보다가 괴상한 일을 눈치 챘다. 남아메리카의 브라질의 돌출부와 아프리카의 카메룬 해안의 오목한 곳의 형태가 아주 흡사했던 것이다. 만약 이 두 대륙을 움직여 서로 밀착시킨다면 잘 들어맞지 않을까.

그는 어쩌면 두 대륙은 태곳적에는 하나였을지도 모른다고 생각했다. 그 증거를 수집하기 위해 열정적으로 연구하여 대륙 이동설이 태어났고, 그것은 1912년에 출판된 『대륙과 대양의 기원』에서 처음 발표되었다.

그의 견해에 따르면 본래 아프리카와 남아메리카뿐만 아니라 아시아와 유럽, 오스트레일리아, 남극의 모든 대륙이 한 덩어리가 되어 판게아라는 거대한 대륙을 형성하고 있었다. 그것이 지금부터 3억 년쯤 전부터 분열하기 시작해서 각 부분이 동서남북으로 이동해 찢긴 사이에 대서양과 인도양이 생겼다.

결국 지금부터 100만 년쯤 전에 겨우 현재의 대륙 분포가 확정되었다는 것이다.

이 설을 지지하는 증거로서 베게너는 대륙의 주변 지형이 닮

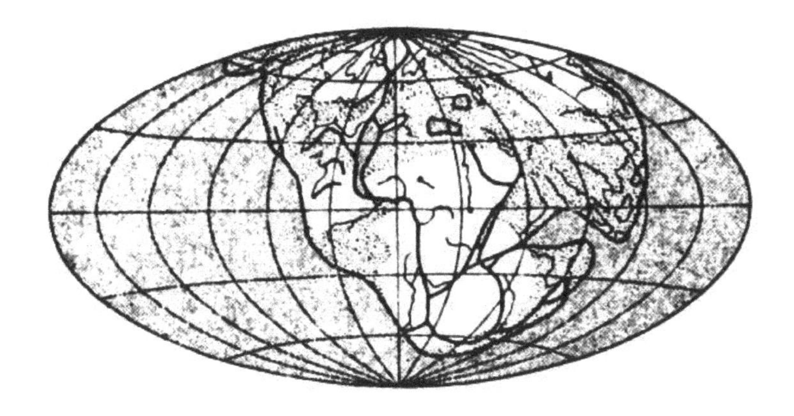

〈그림 5-1〉 지금으로 3억 년 전에는 남북 아메리카(좌), 아시아, 유럽(우), 아프리카(가운데), 오스트레일리아, 남극 대륙(오른쪽 아래)을 하나로 붙여 판게아 대륙을 만들었다

은 데다 떨어진 대륙에 비슷한 동물이 살고 있다는 것, 극이나 적도의 위치가 크게 변화하였다고 생각되는 증거가 있다는 것 등을 들었다.

그러나 베게너설의 최대 약점은 대체 무슨 힘이 대륙을 분열하고 이동하게 했느냐 하는 것이다.

이 점에 대해 베게너가 내놓은 설명은 그다지 사람들을 납득시키지 못했다. 정통적인 지질학자, 기구 물리학자는 확고부동한 대륙이라는 오랜 신앙을 정면에서 부정하는 그의 주장을 받아들이지 않았다.

살고 있는 생물의 종류가 공통적이라는 것은 일찍이 대륙 사이에 육교 또는 다른 대륙으로 이어져 있었거나, 나중에 그것들이 바다 밑으로 침몰한 것이라고 생각하면 되지 않느냐고 그들은 생각했다.

대륙 이동설을 지지하는 사람과 그렇지 않은 사람 사이에 맹렬한 논쟁이 일어났지만, 베게너가 죽은 후 이 설은 차츰 주목을 받지 못하게 되고, 이윽고 잊혀져 버렸다.

그러나 1950년경부터 중력, 지구 자기, 특히 태곳적부터의 잔류자기의 관측이 활발해지고, 대륙 이동을 뒷받침할 만한 증거가 아주 많아졌다. 관측사실을 바탕으로 맨틀 대류설이 수립되고, 대륙 이동을 일으키게 하는 원동력을 설명할 수 있게 되었다. 현재 대륙 이동설은 과학으로 입증되는 확실한 이론으로서 받아들여지고 있다.

58. 애국자 하버는 왜 나치에 추방당했는가?

암모니아나, 질산 등의 질소 화합물은 비료나 폭약으로 평화시에도 전시에도 극히 중대한 역할을 한다. 그 원료가 되는 질소는 대기의 5분의 4를 차지하며, 거의 무한이라고 할 만한 양이 우리 주변에 존재하지만, 화합력이 매우 약하기 때문에 직접 이용하기 매우 어렵다. 그래서 20세기 초까지 세계 각국은 남아메리카에서 얻어지는 칠레초석을 수입하여, 그것을 원료로 필요한 질소 화합물을 만들었다.

독일의 화학자 프리츠 하버(1868~1934)는 대기 속의 질소에서 직접 질소 화합물을 만들기 위한 연구를 20세기 초부터 시작했다. 10년 가까이 고생한 끝에 수소와 질소를 섞어 압축, 가열하고 산화철을 촉매로 화합시켜 암모니아를 만드는 방법을 고안했다.

카를 보슈(1874~1940)가 이를 실용화해서 1차 세계대전 발발 직후 공장 생산을 시작할 수 있었다. 암모니아에 산소를 화합시켜 초산을 만드는 방법은 이미 개발되어 있었기 때문에 칠레초석을 쓰지 않아도 폭약을 만들 수 있게 되었다. 대전 중 영국 함대에 해상봉쇄를 당한 독일이 4년간이나 싸움을 계속할 수 있었던 것은 이 덕분이었다.

대전이 시작되자 하비는 독가스의 연구 책임자가 되었다. 그는 실험연구 결과 염소를 쓰는 것이 가장 좋다는 결론을 얻었다. 독일 육군은 그의 제안을 채용했지만 독가스는 병기로서는 그다지 효과를 거두지 못했다.

1918년에 대전이 끝나자 당연한 일이었지만 연합국 사람들은 하버를 증오하고 인도주의에 반한 죄를 범했다고 비난했다. 그러나 하버는 철두철미한 애국자였다. 패전 후의 혼란 상태 속에서도 하버는 꺾이지 않고 젊은 과학자를 모아 연구에 전념하고, 1911년 이후 카이저 빌헬름 물리화학 및 전기화학 연구소 소장 자리에 있으면서 활약을 계속했다. 1918년에는 노벨 화학상이 수여되었다.

그러나 1933년 나치가 독일의 정권을 잡자 유태인인 그에게는 뜻하지 않은 재난이 밀어닥쳤다. 나치는 유태인 박해 정책을 추진하여 수많은 유태인을 학대하고, 직장을 빼앗고, 재산을 몰수하고 또 체포했다. 어쩔 수 없이 망명을 하게 된 사람도 많았다.

하버가 소장으로 있는 연구소에서도 유태계 학자는 차례차례 추방되었다. 나치도 차마 하버에게는 손을 댈 수 없었는데, 하버는 분개한 나머지 교육문화장관에게 편지를 보내 다른 동료들과 차별대우를 받고 싶지 않다고 항의했다. 장관은 핑계가 없던 차에 잘 됐다 싶어 그를 면직했다.

그때까지 오로지 나라에 봉사해온 하버도 나치에게는 한낱 유태인에 지나지 않았고, 유태인은 독일 과학에서도 유해무익한 존재였을 뿐이라고 생각됐던 것이다.

59. 과학자의 용기는 어떻게 나치의 무법을 저지했는가?

직장에서 쫓겨난 하버는 국외로 머물 곳을 찾았다. 심로한 나머지 병에 걸렸으므로 일단 스위스로 가서 요양했다. 이어 영국의 초청으로 한 때 케임브리지에 살았으나 아무래도 조국 독일과 가까운 곳에서 살고 싶어 얼마 후 스위스로 돌아갔다. 그러나 더욱 쇠약해져 1934년 1월 바젤에서 심장마비로 죽었다.

하버의 죽음은 독일 신문에는 실리지 않았다. 독일 과학자들은 나치의 위세를 두려워하여 그의 죽음을 입에 올리지 못했다. 다만 막스 폰 라우에가 용감하게도 『자연과학』지에 조문을 표하는 글을 실었다가 나치로부터 호되게 야단을 맞았다. 막스 보덴은 프로이센 과학 아카데미의 회합에서 하버의 죽음을 언급했다. 단지 그것뿐이었다.

그러나 너무도 불행하게 끝난 하버의 만년을 애도하여 1주기를 기념해서 추도회를 개최하려는 움직임이 몰래 진행되었다. 입안자는 카이저 빌헬름 협회 총재이던 막스 플랑크(양자론의 창시자, 1918년 노벨물리학상 수상)였고, 준비를 담당한 것은 카이저 빌헬름 화학 연구소장 오토 한(원자핵분열의 발견자로 1944년 노벨화학상 수상, 4장-49 참조)이었다.

식은 현악 4중주 음악을 앞뒤로 플랑크의 인사말이 있었고, 오토 한과 퇴역 육군 대령 요제프 케이트, 카이저 빌헬름 물리화학 및 전기화학 연구소원 카를 프리드리히 본회퍼는 추모 강

연을 하기로 했다.

프로그램을 인쇄한 초대장이 1935년 1월 10일에 발송되었다. 15일 교육문화장관은 이 회합은 나치 국가에 대한 도전이므로 관계관을 파견하여 출석자를 저지할 의무가 있다고 생각한다는 서한을 냈다.

이어 더 엄중한 부총통 명령으로 기술과학노동 국가조합 산하의 어떤 학회의 회원이라도 이 추도 회합에 참석해서는 안 된다는 포고가 내려졌다. 한이 소장으로 있는 연구소에도 독일화학협회 명의의 출석금지 서한이 전달되었다. 그러나 이렇듯 엄중한 금지령에도 불구하고 추도식은 거행되었다.

추도 회장에서 어쩌면 나치 관헌들이 둘러싸고 출석자를 저지하지 않을까 우려하였으나 그런 일은 일어나지 않았다.

의외로 많은 사람들이 용기를 북돋아 모았다. 특히 IG 파르벤 회사의 보쉬가 오랜 친구 하버를 위해 직접 회사 간부를 거느리고 출석한 것이 이채로웠다. 출석이 허용되지 않은 교수들을 대신해서 부인들이 참석했다. 식은 아무 탈 없이 성공리에 끝났다.

이것은 히틀러의 통치 초기였으므로 가능했던 일이다. 좀 더 이후였다면 이런 조촐한 저항의 가능성마저도 남지 못했을 것이다.

60. 2대째 퀴리는 대발견을 두 번이나 놓쳐 버렸는가?

이렌 퀴리(1897~1956)는 유명한 퀴리 부인 마리의 장녀다. 프레데리크 졸리오(1900~1958)와 퀴리 부인의 연구소에서 알게 되어 1926년에 결혼했고, 논문은 모두 부부 이름으로 발표한 잉꼬부부였다.

부부는 1934년 알루미늄에 알파 분자를 충돌시키면 양성자가 방출된 후에 방사능을 가진 인이 생긴다는 것을 확인하였고, 이 연구로 1935년도 노벨화학상을 받았다. 그러나 그 전후에 각각 중성자와 원자핵분열에 관한 역사적인 발견을 직전에서 놓쳤다. 두 가지 다 실험에서는 성공하였는데도 해석을 못하고 있는 동안에 다른 사람이 먼저 정확한 해석을 하였으므로 아깝게도 발견의 영예를 빼앗기고 말았다.

1930년 독일의 보테와 베커는 가벼운 금속 베릴륨에 알파입자를 충돌시키면 매우 관통력이 강한 선이 나오는 것을 발견했다. 그들은 이것을 감마선과 같은 파장이 짧은 전자기파의 일종이라고 생각했다.

졸리오 부부는 이 실험을 반복하여 베릴륨에서 나오는 선의 관통력이 감마선보다 훨씬 강할 뿐 아니라 파라핀 등 수소를 많이 포함하는 물질에 충돌시키면 고에너지의 양성자를 튕겨낸다는 것을 규명했다. 그들은 이 결과를 1932년 1월에 발표했다.

그런데 바로 그 한 달 후에 영국의 제임스 채드윅은 그 밖의 다른 실험 결과까지도 아울러 생각해서, 베릴륨에서 나오는 것은 전자기파가 아니라 무게는 양성자와 거의 같으나 전기를 갖지 않는 중성입자라고 결론을 내렸다.

수수께끼가 풀려 채드윅은 중성자를 발견한 공적으로 1935년도 노벨물리학상이 수여되었다.

졸리오 부부는 그 후 페르미가 손을 댔던, 가장 원자번호가 많은 원소인 우라늄에 중성자를 충돌시켜 원자번호가 더 많은 초우라늄 원소를 만들어내는 실험에 몰두했다(4장-49 참조).

1937년 이렌과 조교인 파르베시비치는 중성자를 충돌시킨 우라늄에서 원자번호 57번 란타넘과 흡사한 물질을 발견했다. 이렌은 이것을 란타넘을 닮은 한 초우라늄 원소라고 결론짓고 1938년 가을에 발표했다.

마찬가지로 초우라늄 원소를 연구하던 오토 한은 이 의외의 보고를 듣고 깜짝 놀라 그때까지의 연구를 중지하고 처음부터 다시 시작하여 결국 핵분열 발견의 영예를 갖게 되었다.

그러나 이렌이 자기 실험 결과의 뜻을 정확하게 해석했더라면 그 명예는 아마 그녀의 것이 되었음이 확실하다.

6. 인간 과학자의 얼굴

—그들도 같은 인간임에 변함이 없는가?

캐번디시

61. 뉴턴은 골수 멍청이 교수였는가?

역학을 처음으로 체계화해서 근대과학의 기초를 쌓아 사상 최대의 과학자로 불리는 아이작 뉴턴(1643~1727)에게는 숱한 일화가 전해진다.

뉴턴은 조산아로 태어났을 때는 몹시 작아 1쿼트(약 1.14ℓ) 부피의 컵에다 담을 수 있었다. 생후 몇 달은 부목으로 고개를 받쳐주어야 했고, 제대로 살아서 장성하리라고는 아무도 믿지 않았다. 그런데 85살까지 장수를 누렸다.

뉴턴의 부친은 그를 낳기 석 달 전에 작고했다. 두 살이 되기 전에 어머니는 스미스라는 목사에게 재가하여 뉴턴은 홀로 할머니에게 맡겨졌다. 9년 후 의붓아버지가 죽기까지 그는 어머니의 사랑을 몰랐다. 뉴턴의 내성적 성격이나, 이따금 보인 불안증, 공격성은 이 때의 고독하고 불행했던 소년 시절의 마음의 상처에서 유래한다고 한다.

학교에 다니게 되자 그는 자주 동료들의 놀림을 받았다. 그러나 어느 날 자기의 배를 찬 개구쟁이 대장에게 반격을 가해 치고받고 할퀴며 (자기가 먼저 울어버리기는 했지만) 끝내 상대방에게 항복을 받아냈다. 이 사건으로 그는 자신감이 생겨 성격이 명랑해지고, 개구쟁이들을 이겨야겠다는 일념으로 공부하여 결국 전교에서 1등을 차지했다고 한다.

1669년 27세의 나이로 케임브리지의 루커스 수학 석좌 교수가 되었다. 여기에서 그는 멍청이 교수의 본보기였다. 늘 헝클어진 머리하며 단정하지 못한 옷차림, 뒤축이 닳아빠진 구두를 신고, 만찬회에라도 나갈 때는 꼭 누군가 곁에서 몸단장을 돌보아 주어야 했다. 일에 열중하면 식사하는 것을 잊어버리기

일쑤여서 거의 강제적으로 먹여야 했다.

그와 관련된 여러 가지 에피소드가 있다. 뉴턴은 텅텅 빈 강당에서 마치 학생들이 가득 찬 듯이 만족한 표정으로 강의를 하였다고 한다. 어느 날은 말고삐를 잡고 언덕에 올라가 막상 말을 타려고 하자 어느 사이에 말은 온데간데없었다고 한다. 또, 하녀가 물이 끓거든 달걀을 넣어달라는 부탁을 받고 달걀과 모양이 비슷한 회중시계를 집어넣고 태평이었다고 한다. 그러나 이런 에피소드는 그다지 믿을 것이 못된다.

그가 쓴 이런 아름다운 문장이 있다.

"세상 사람들이 나를 어떻게 보는지 모르겠으나, 나 스스로를 볼 때는 미지의 진리의 큰 바다가 펼쳐져 있는 앞에서, 해안에서 여느 것 보다는 좀 작고 매끈한 돌멩이나 조금 고운 조개껍질을 발견하고 기뻐하는 어린이 같은 마음이 든다."

정말 겸손한 말이지만, 반면 뉴턴에게는 세상의 갈채를 한 몸에 받고 싶어 하는 야심가다운 일면도 있었고, 우선권을 둘러싸고 라이프니츠나 훅과 맹렬하게 논쟁한 일도 있다(2장-12 참조). 또 이처럼 위대한 과학자이면서도 만년에는 신학, 연금술 등에 골똘하였다. 어쨌든 모순에 찬 바닥을 헤아릴 수 없는 인물이기도 했다.

62. 여성의 얼굴은 보기도 싫다던 별난 과학자는 누구였는가?

뉴턴도 상당한 기인이었지만, 기인치고는 영국의 과학자 헨리 캐번디시(1731~1810)를 당할 만한 사람이 좀처럼 없을 것이다.

이 사람은 영국의 데본셔 공작과 켄트 공작의 핏줄을 받은 고위 귀족 출신으로, 40세 때 친척의 유산을 상속받아 큰 부자가 되었다. 그러나 그는 아주 검소한 생활을 하며, 저택에 실험실을 만들어 혼자 연구에 몰두했다.

생전에 수소의 발견, 비틀림 진자(振子)를 사용한 만유인력의 측정, 전기와 공기에 관한 연구를 발표하여 이미 일류 과학자로 인정받았는데, 사후 1879년이 되어 맥스웰이 그가 남겨 놓은 전기관계의 논문을 정리해 출판하자 캐번디시가 후세에 앞서 수많은 발견을 하였다는 사실이 밝혀졌다. 프랑스의 박물학자 비오는 그를 평하여

> "모든 학자 중에서도 가장 부자였고, 또 모든 부자 중에서도 가장 학식 있는 사람일 것"

이라고 했다.

그런데 캐번디시는 대단히 사교성이 없었고 왕립학회의 과학자 이외에는 거의 교제가 없었다. 몹시 말수가 적어, 자기가 먼저 말을 건네는 일도 없고, 또 말을 걸어오는 것도 싫어했다. 특히 여성을 대하기를 무척 싫어하여, 하녀들에게는 자기 눈에 띄는 곳에 오지 못하도록 했다. 어느 때 제단에서 한 하녀와 마주쳤다고 해서 다시 그런 일이 없게 하녀 전용 계단을 만들게 했다. 가정부에게는 테이블 위에 메모를 적어두고 지시했다. 평생을 독신으로 지낸 것은 말할 것도 없다.

금전에 대해서는 퍽이나 무관심해서 그에게서 도움을 입은 사람에는 당사자가 깜짝 놀랄 만큼 많은 돈이나 선물을 했다. 또 어느 때는 그의 예금을 맡고있던 은행에서 조사해 보았더니 예금액이 너무 많아 그냥 맡고 있기가 민망해서 캐번디시를 찾아가 예금의 일부를 투자하면 어떻겠느냐고 권고했다. 캐번디

시는 무슨 뜻인지 몰라 몹시 당황하며 한다는 말이 “만약 당신에게 폐가 된다면 예금을 꺼내리다. 어쨌든 이런 일로 나를 괴롭히지 마시오.”라고 불쾌한 듯이 대답했다.

생활의 자질구레한 모두 일정한 방식을 정해놓고 했다. 늘 같은 양복을 입었고, 일정한 기간이 지나면 새 것과 바꾸었다. 구두를 벗어 두는 곳도 늘 일정했고, 지팡이는 정해진 한 쪽 구두 속에 꽂아 놓았다.

죽을 때에도 끝내 기인다웠다. 2, 3일 전부터 병상에 누웠는데 마지막 날이 되자 하인을 불러 “나는 죽게 되었다. 만일 내가 죽거든 사촌 조지 캐번디시에게 가서 그렇게 알리게.”라고 일렀다. 하인이 물러나자 한 30분쯤 되어 다시 하인을 불러 아까 한 말을 복창하게 했다. 하인이 다시 물러나가 30분쯤 지났는데도 호출이 없었다. 주인 방에 들어가 보니 그는 이미 죽어 있었다.

63. 허셜의 위대한 업적을 뒷받침 한 것은 누구인가?

1781년에 천왕성이 발견된 일은 천문학에서는 대단한 충격이었다. 그 때까지 수성, 금성, 화성, 목성, 토성의 다섯 행성으로 짜여 있던 고전적 천문학의 폐쇄된 태양계 바깥에 같은 행성이 존재한다는 것이 알려져 태양계의 너비가 단 번에 갑절로 확대되었다. 이것으로 사람들의 눈은 당연히 태양계 밖으로 향하게 되었다.

천왕성은 윌리엄 허셜(1738~1822)에 의해 발견되었다. 이 사람은 본래 독일 사람으로 음악가를 아버지로 하여 하노바에서 태어났다. 7년 전쟁이 터지자 전란을 피해 일가는 영국으로 피난해 1766년에 허셜은 온천장 바스에서 오르간 연주자가 되었다. 6년 후에 누이 캐롤라인(1750~1848)도 오빠를 따라 이곳으로 왔다. 이 누이는 12살 위인 오빠를 더 없이 공경하고 사랑하며 충실한 조교로서 오빠의 천문학 연구를 도와 눈에 띄지 않는 숨은 공로자로서 중요한 역할을 했다. 이 남매의 애정은 과학사를 수놓는 아름다운 에피소드가 되고 있다.

캐롤라인은 1772년에 오빠에게 온 후 집안일을 돌보는 한편 교회의 성가대로 활동했다. 얼마 후 윌리엄은 천문 관측을 위한 반사망원경을 손수 만들기 시작했다. 캐롤라인은 그 시중 때문에 음악 연습에 지장이 생길 정도였다. 윌리엄은 초점거리 7피트의 반사망원경의 거울을 연마할 때는 너무 몰두해서 꼬박 16시간이나 먹지도 마시도 않았기 때문에 캐롤라인이 이따금 그의 입에 음식물을 조금씩 떠 넣어 주어야 했다.

1781년 천왕성을 발견하여 윌리엄은 단번에 유명해지고, 이듬해 영국왕 조지 3세로부터 연봉 200파운드의 왕실 전속 천문학자로 임명되었다. 많은 봉급은 아니었지만 윌리엄은 이것을 기회로 음악가를 그만두고 천문학 연구에만 전념하게 되었다. 그는 태양계의 훨씬 바깥으로 눈을 돌려 항성 우주의 형태와 구조를 탐사하는 장대한 연구에 나섰다.

그러기 위해서는 항성의 분포를 조사해야 했다. 망원경으로 하늘 전체에 걸쳐 보이는 별의 수를 세는 큰 작업이므로 관측값을 기록할 조수가 반드시 필요했다. 관측은 해를 거듭하여 계속되었고 캐롤라인은 오로지 필기와 계산을 전담해야 했다. 추울 때는 잉크가 얼어버려 그녀는 자기 체온으로 잉크병을 녹여가며 기록한 적도 있다고 한다. 이리하여 현재의 지식으로 볼 때 비록 미흡한 점이 많았지만 허셜은 우주의 구조를 밝혀 낼 수 있었다.

캐롤라인은 오빠의 조수로서 일을 돕는 한편, 자기도 새로운 혜성 8개 외에 몇 개의 성운과 성단을 발견했다.

64. 전쟁 중에 과학자는 어떻게 양심을 지켰는가?

전쟁이나 혁명이 일어났을 때는 과학자도 초연할 수는 없다. 적극적이든 소극적이든 어떤 형태로든지 시세의 흐름과 관련을 가지게 마련인데 그 때의 태도는 사람에 따라 크게 차이가 있다.

미국 독립 전쟁 무렵의 정치가이자 아마추어 과학자이기도 했던 벤저민 프랭클린(1706~1790)이 연을 올려 번개와 정전기의 관계를 조사한 유명한 실험을 한 것은 1752년 6월이었고, 그는 자신의 발견을 응용해서 피뢰침을 발명했다. 피뢰침은 그 후 미국과 유럽에서 널리 이용되어 많은 건물을 번개에서 보호했다.

1772년 영국에서 화약고를 번개에서 보호하는 대책을 심의하기 위한 위원회가 설치되어 프랭클린도 위원에 임명되었다. 이 자리에서 피뢰침은 끝이 뾰족한 것이 좋으냐 둥근 것이 좋으냐가 논의되었다. 프랭클린은 단호하게 뾰족한 것이 좋다고 주장하고 결국 그의 의견이 채택되었다.

그런데 1776년 미국 독립 전쟁이 터지자 프랭클린은 반역자의 지도자 중 한 사람으로 영국 국민의 증오의 표적이 되었고, 그 여파로 프랭클린이 권장했던 뾰족한 피뢰침마저 무시당하게 되었다. 영국왕 조지 3세가 앞장서서 뾰족한 피뢰침을 궁전과 화약고에서 떼어내고 끝이 둥근 것으로 바꾸라고 명령했다. 왕은 그것으로 만족하지 않고 당시 과학계의 대표자이던 왕립학회 회장 존 프링글에게 둥근 피뢰침이 뾰족한 것보다 안전하다고 선언하라고 강요했다. 그러나 프링글은

"왕의 소망에 따르고 싶은 마음은 간절하지만 자연의 법칙과 운행에 반할 수는 없습니다"

라고 거절했다.

이야기는 바뀌어 프랑스 혁명이 일어나 로베스피에르가 독재자로 공포 정치를 하고 있을 무렵의 이야기다. 그는 자기에게 반대하는 일부 정치가들이 병사에게 지급하는 포도주에 독을 섞었다는 정보를 날조하여, 그것을 구실로 삼아 반대 세력을 체포하여 처형하려고 기도했다.

음모의 증거가 될 포도주가 분석을 위해 당시 유명한 화학자이던 클로드 루이 베르톨레(1748~1822)에게 보내졌다. 물론 로베스피에르는 독이 들었다는 보고가 제출되기를 희망했고, 그렇지 않으면 베르톨레 자신이 죽음을 당할 염려가 있었다.

그러나 베르톨레는 독이 들어있지 않았다고 분석 결과를 그대로 보고했다. 화가 치민 로베스 피에르는 베르톨레를 호출해서 그의 분석 보고서를 정정시키려 했다. 그러나 그는 완강하게 거절하고 독이 없다는 증거로 그 포도주를 자기가 마셨다. "정말 용기가 있는 사나이군."하고 로베스 피에르가 말하자 베르톨레는 "아닙니다. 이 보고서에 서명했을 때가 더 용기가 필요했습니다."라고 대답했다. 결국 베르톨레는 무사히 과학자로서 양심을 지켰다.

65. 세 수학자는 혁명의 와중에서 어떻게 처신했는가?

과학자 중에는 전쟁 속에 적극적으로 투신하여 때로는 시류를 잘 타서 입신출세하는 사람도 있었다.

나폴레옹을 둘러싼 세 수학자의 운명을 살펴보자.

피에르시몽 라플라스(1749~1827)는 미적분의 진보에 공헌하였고, 천문학에서는 태양계의 안정성을 수학적으로 증명하여 프랑스의 뉴턴이라고까지 불린 인물이다.

가난한 농가에서 태어났으나 수학적 재능이 인정되어 학계에서 순조롭게 출세하여 장군 시대의 나폴레옹과 친분을 가지게 되었다. 나폴레옹의 신임을 얻어 그가 황제가 되자 1799년 내무장관에 임명되었는데, 하는 일마다 잔재주만 부리고 실수가 많아 "무소한의 원리를 행정에까지 끌어들였다."는 혹평을 받고 금방 면직되었다. 그 대신 궁중 고문관으로 임명되고 백작이 수여되었다.

그러나 나폴레옹이 실각하여 세인트헬레나에 유배되고 부르봉 왕조가 부활되자 루이 18세에게 충성을 맹세하여 나폴레옹 추방령에도 서명했다. 덕택으로 루이 왕조에서도 지위를 잃지 않고 나중에 후작까지 출세했다.

가스파르 몽주(1746~1818)는 제도의 기초가 되는 수학, 즉 화법 기하학을 창시한 사람이다. 가난한 장인 집안에 태어나 고생 끝에 공병 학교 교관이 되었다. 프랑스 혁명이 일어나자 자코뱅당에 입당해 활약하여 병기 제조 책임자가 되었고, 또 에콜 폴리테크니크(이공과 대학)의 창설에 관여했다. 이윽고 나폴레옹과 알게 되어 이집트 원정에도 참가했다. 나폴레옹이 황제가 되자 상원 의원이 되어 백작이 수여되었다. 몽주는 나폴레옹에게 충성을 바쳐, 그가 몰락한 후에도 변심하지 않았기 때문에 부르봉 왕조가 부활하자 적으로 취급되어 그 추적을 피해 빈민굴을 전전해야만 했다. 1816년에는 아카데미에서 추방되었고 정신이상으로 죽었다.

장 밥티스트 조제프 푸리에(1786~1830)는 열전도의 수학적 이론을 체계화하고 또 응용 수학의 유력한 수단인 푸리에 급수에 이름을 남겼다. 그는 9세에 고아가 되어 신부에게 양육되었다. 성직에 들어가려던 차에 프랑스 혁명이 일어나 수도원을 나와 사관 학교의 수학 교사가 되었다.

혁명에 적극적으로 참가하여, 몽주와 알게 되자 그와 함께 나폴레옹의 이집트 원정에 참가했다. 나폴레옹에게 행정적 수완이 인정되어 1802년부터 15년까지 지사를 지내 1808년에 남작이 수여되었다.

1814년 나폴레옹이 몰락하여 엘바섬으로 유배되자 라플라스 등과 함께 루이 18세에게 충성을 맹세했으나 나폴레옹이 엘바섬을 탈출해서 파리로 진격하자 다시 나폴레옹에게 충성을 서약했다. 나폴레옹이 재차 몰락하자 루이 18세는 그의 변절에 노하여 관직에의 취임을 허락하지 않아 한때 곤경에 빠졌으나, 나중에 아카데미 회원으로 선출되어 겨우 생활이 안정되었다.

66. 대화학자 돌턴에게는 새빨간 양말이 무슨 빛깔로 보였는가?

영국의 존 돌턴(1766~1844)은 원자론을 화학 분야에 도입하여 원소나 화학반응에 대한 근대적 이론을 확립한 대화학자로 알려져 있다. 그는 선천적인 색맹이었다.

돌턴 자신의 말을 빌리면

"빨강, 오렌지, 노랑, 파랑 빛깔을 구별할 수 없고, 모두가 회색 또는 거무칙칙한 갈색으로 밖에 보이지 않는다. 분홍색은 하늘빛 담청색과 같고, 짙은 주황색은 흐리고 파란 빛깔로 보인다"

그의 색맹은 적록색맹이라고 불리는 가장 흔한 유형이다.

흔히 있는 일이지만 돌턴은 처음에는 자기 색체 감각에 이상이 있다는 것을 몰랐다. 좀 이상하다고 느끼게 된 것은 소년 시절에 군대 행진을 구경하다가 한 친구가 "어쩌면 저렇게 빨간 외투가 화려하냐"고 한 것에 대해 자기에게는 풀색으로 보인다고 대답해 몹시 웃음거리가 되었을 때부터다. 자기가 색맹이라고 완전히 확신하게 된 것은 26세가 되고서다.

돌턴에 관련해 색맹에 얽힌 수많은 에피소드가 전해진다. 그는 또 신앙심이 깊은 퀘이커 즉 종교친우회의 그리스도교였다. 퀘이커는 빨강 같은 화려한 빛깔의 옷을 입는 것을 꺼리고, 폭력을 부정하며, 평화주의적 입장에서 무기를 가까이하지 않는다.

어느 날 돌턴은 어머니에게 드릴 선물로 비단 양말 한 켤레를 샀다. 그러나 그것을 받아든 어머니는 깜짝 놀랐다. "어쩜 이렇게도 새빨간 양말을 사왔니, 이런 화려한 것을 신고 어떻게 바깥에 나가니?"

돌턴은 그것이 파르스름한 회색 양말로 퀘이커에게는 꼭 맞는 빛깔로 보였던 것이다.

후에 그가 프랑스의 지식인을 만나고자 파리로 가게 되어 양복을 새로 맞추게 되었다. 그는 양복점에 들어가 진열대에 놓였던 천을 골라 양복을 주문했다. 그것은 수렵용의 빨간 코트를 만들기 위한 천이었으므로, 그가 퀘이커라는 것을 아는 양복점 주인이 깜짝 놀랐다.

돌턴이 은퇴하게 되자 그의 과학상의 공적에 대해 정부는 고액의 은급을 지급하기로 하고 국왕에게 배알하게 했다. 그러나 배알 때는 예복을 입고 반드시 칼을 차야 했으므로 퀘이커인 돌턴이 이를 승낙할 턱이 없었다. 그래서 관계관은 돌턴에게 옥스퍼드대학의 법학 박사의 예복을 입히기로 했다. 이것은 칼을 차지 않아도 되기 때문이었다. 다만 빛깔이 빨갛지만 돌턴에게는 흙색 같은 빛깔로 보였으므로 두말없이 승낙했다.

돌턴은 자기가 색맹인 것은 눈 내부에 있는 액체가 빛 속의 빨간 부분을 흡수해버리기 때문이라고 믿었다. 그래서 자기가 죽거든 눈알을 조사하도록 유언했다. 친구인 의사 랜솜이 유언에 따라 그의 한쪽 눈을 조사했다. 그 결과 눈 내부의 액체가 색맹을 일으키는 것이 아니라는 것이 밝혀졌다.

이로 인해 적록색맹을 영어로 돌터니즘(Daltonism)이라고 부르게 되었다.

67. 제본공 패러데이는 어떻게 과학자가 되었는가?

영국의 험프리 데이비(1778~1829)는 전기분해에 의해 칼륨, 나트륨 등 알칼리 금속을 단리(單離)한 외에 안전등의 발명(2장-23 참조)으로 과학사에 이름을 남겼다. 그러나 그의 최대의 업적은 제자 마이클 패러데이(1791~1867)를 발견한 일이라고 한다.

데이비는 1801년 왕립 연구소의 교수에 임명되자, 일반인 상대의 화학에 대한 연속 공개 강의를 시작했다. 그는 풍채가 좋은데다가 구변이 좋고, 알기 쉽고 재미있게 설명했으므로 이 강의는 대단히 유명해져 상류사회의 신사숙녀가 밤마다 천 명씩이나 모여들어 강의를 들었다.

가난한 집에서 태어난 패러데이는 그 무렵 제본소에서 일을 하고 있었다. 직업상 제본을 맡긴 책을 읽고 과학에 흥미를 느껴 상당한 지식을 가지게 되었다. 어느 날, 제본소에 온 손님 한 사람이 데이비의 4회 연속 공개 강의의 입장권을 그에게 주었다. 패러데이는 정성들여 강의를 노트하고 깨끗이 옮겨 쓴 후 손에 익은 제본 기술로 아름다운 책으로 만들었다.

패러데이는 제본일 그만 두고 과학에 관한 일을 하고 싶어졌다. 그는 결단을 내려 데이비에게 편지를 보내 과학에 관한 일에 종사하고 싶다는 소원을 호소하고, 만약 기회가 있으면 주선해 주도록 부탁했다. 그 열의의 증거로 그가 제본한 데이비의 강의 노트를 보냈다.

데이비가 이 편지를 받은 것은 1812년 크리스마스 직전이었다. 그는 친절히 답장을 쓰고, 이듬해 1월에 패러데이를 왕립 연구소로 불렀다. 패러데이는 하늘에라도 올라갈 듯 기뻐하며 데이비를 찾아갔다. 그러나 데이비는 현재 결원이 없어 그를 고용할 수가 없다고 하고, 과학자로 먹고 살아가기가 매우 어려우므로 차라리 현재의 제본일을 계속하는 것이 어떻겠느냐고 충고했다.

패러데이는 낙심했다. 그러나 그로부터 한 달쯤 지난 어느 날, 내일 아침 왕립 연구소로 나오라는 데이비의 편지를 받는다. 찾아간 패러데이에게 데이비는 실험실 조교 한 사람이 그만두게 되었는데 대신 근무할 생각이 있느냐고 물었다. 연구소의 건물 꼭대기에 있는 주거용 방 두 개를 주는 외에 주급 25 실링을 준다는 조건이었다.

패러데이는 두말없이 승낙했다. 드디어 과학과 관련있는 일을 하게 된 것이다. 그러나 그가 할 일은 하잘 것 없는 일이었다. 교수의 강의 준비를 하고, 강의 중에도 교수를 돕는 일, 필요한 도구나 장치를 모형실이나 실험실에서 강당으로 옮겨놓고, 강의가 끝나면 제자리로 돌려두는 일, 도구나 장치를 정기적으로 청소하고 점검하는 일 따위였다.

그러나 패러데이의 능력이 탁월하다는 것을 곧 데이비와 다른 교수들이 알게 되었고, 그에게 좀 더 고급 일을 차츰 맡기게 되었다.

68. 데이비는 끝까지 패러데이의 좋은 스승이었는가?

그러나 그 후 사태는 매우 뜻밖의 방향으로 전개되었다. 패러데이를 과학계로 이끌어준 데이비는 그 후 패러데이가 착착 업적을 쌓아가며 그 명성이 자기를 앞지르게 될지도 모르자 차츰 패러데이에 대한 질투에 사로잡히게 되었다. 끝내는 제자의 출세를 스승이 필사적으로 방해하는 한심한 사태에까지 이르게 되었다.

그런데 패러데이를 고용한지 6개월 후, 데이비는 부인 동반으로 과학 실정을 조사하기 위해 1년 반에 걸쳐 유럽 여행을 떠나게 되었다. “패러데이를 비서로 데리고 가서 메모를 하게 하거나 잡일을 도와 달래야겠다”고 데이비는 생각했다. 대륙에 있는 과학자들을 만나볼 수 있는 좋은 기회였으므로 패러데이는 기꺼이 승낙했다.

그런데 본래의 데이비 종복이 동행을 거절했기 때문에 데이비는 강제로 패러데이에게 종복이 하는 일을 떠맡겼다. 데이비

부인도 허영심이 강하고 방자한 인품이었으므로 패러데이를 종복으로만 다루고, 초대를 받았을 때도 패러데이를 별실에서 식사를 하게 했다. 대륙의 과학자들은 패러데이의 재능을 인식하고, 그들과 동격의 과학자로 생각하였으므로 데이비의 이런 냉대에 몹시 놀랐다.

유럽에서 돌아오자 패러데이는 그의 재능을 발휘하여 착착 연구 업적을 쌓아갔다. 데이비는 만만찮은 적수가 나타났다고 생각하고 차츰 경계와 질투심을 더해갔다. 우선 그가 완성한 안전등에 대해 패러데이가 몇 가지 결점을 지적한 것이 그의 자존심을 상하게 했다. 잇달아 패러데이가 염소의 액화라는 중요한 연구를 성취하여 1823년 그 논문을 왕립학회에 제출했을 때, 데이비는 미리 논문을 읽어보고 자기의 기여도가 충분히 평가되지 않았다고 생각해 더욱 기분이 상했다. 그는 이 실험의 어디 어디에 자기의 권고가 있었다는 것을 밝히는 주석을 직접 첨가했다.

같은 해, 드디어 데이비의 질투는 절정에 이르렀다. 패러데이가 왕립학회의 회원으로 추천된 것이다. 당시의 학회장은 바로 데이비였다. 데이비와 윌리엄 울러스턴이 패러데이의 선출에 반대하고 나섰다. 울러스턴은 곧 오해가 풀려 찬성파로 돌았지만, 데이비는 패러데이에게 사퇴하라고 강요했다. 또 패러데이를 추천하는 사람들에게 추천을 철회하도록 권고했다. 그러나 아무 효과도 없었다.

결국 패러데이는 정식으로 추천되어 1824년 학회 회원에 의한 투표가 실시되었다. 반대표는 물론 단 한 표뿐이었다.

제본소 직공이었던 패러데이는 32세에 일류학자들과 대등하게 사귈 수 있는 신분을 갖게 되었다. 그 후 그는 전자기 유도, 전기분해의 법칙 발견 등으로 사상 최고의 과학자 중 한 사람으로 인정받게 되었다.

69. 두 진화론자는 서로 새 이론의 발견자로서의 영예를 양보했는가?

생존경쟁과 자연선택을 바탕으로 하는 생물진화의 이론을 수립한 것은 말할 것도 없이 영국의 찰스 로버트 다윈(1809~1882)이었지만, 거의 동시에 역시 영국의 앨프리드 러셀 월리스(1823~1913)도 같은 생각을 착상했다. 이 두 사람은 이론의 내용이 거의 같았을 뿐 아니라 암시가 되었던 외지에서의 관찰과 영향을 받게 된 책까지 공통이었다. 과학사상 드물게 보는 우연의 일치라고 하겠다.

다윈은 1831년부터 36년까지 군함 비글호의 세계 일주 항해에 참가한 후, 켄트의 작은 마을에 은거해서 오로지 자료의 정리와 관찰, 사색에 몰두했다. 이윽고 진화론의 사상에 도달하여, 1842년에 몇 가지의 짤막한 노트를 만들고, 1844년에는 작은 논문으로 정리했다. 그러나 다윈은 더 많은 사실을 수집하여 자기 이론을 공격받을 여지가 없을 만큼 완벽한 것으로 만들려고 했다. 선배 라이엘은 빨리 논문을 발표하도록 권고하면서 "그렇지 않으면 틀림없이 누군가 앞지를 걸세"라고 충고했다.

그래도 계속 다윈이 망설이는 동안에 1858년 6월 인도네시아의 몰러카즈 제도에 있는 월리스라는 무명의 박물학자에게서 두툼한 편지가 날아왔다. 편지를 읽어 본 다윈은 깜짝 놀랐다!

자기가 생각한 이론과 거의 같은 형태의 논문이 거기에 동봉되어 있지 않은가. 더구나 다윈에게 그 논문을 비평해주도록 요청하고, 만약 가치가 있다고 생각하거든 학회에 소개해 달라는 청탁도 덧붙여져 있었다.

다윈은 몹시 난감했다. 만약 월리스의 희망대로 그의 논문을 세상에 내놓으면, 20년간 남몰래 계속해온 자기 연구는 영원히 매장되고 만다. 그렇다고 자기의 연구를 먼저 발표하면 월리스의 신뢰를 배반했다고 해서 세상의 비난을 살 것이다. 그뿐이랴 어쩌면 도작의 혐의까지도 뒤집어쓸지 모른다. 진퇴양난에 빠진 다윈은 친구 라이엘과 조지프 후커에게 상의했다. 두 사람은 다윈이 전부터 진화 이론을 착상하여 연구해온 사실을 잘 알았으므로 린네 협회에서 월리스의 논문과 다윈이 쓴 학설의 요약을 함께 낭독하도록 절차를 주선했다. 이리하여 두 사람의 논문은 동시에 발표되었다.

다윈과 월리스 두 사람 다 겸손하고 인격이 고매한 사람들이어서 우선권을 다툴 생각조차 하지 않았다. 월리스는 두 사람의 진화 이론을 「다위니즘(Darwinism)」이라고 부르기를 스스로 제안했고, 이 이론의 성립에 기여한 자기의 역할은 "다윈의 20년에 대한 1주일"에 불과하다고 겸손했다. 그는 다윈이야말로 "이 이론을 전개하기에 가장 적절한 인물"이라고 칭찬했고, 다윈은 또 월리스에게 "당신은 지나치게 겸손합니다. 만일 나만큼의 여가가 있었더라면 당신이야말로 이 이론을 나 이상으로 잘 전개하셨을 것입니다"라고 대답했다. 과학사상 드문 아름다운 양보였다.

70. 과학계에서는 어떤 사람이 자살했는가?

과학자, 기술자의 자살을 조사한 것이 있는지 어떤지 몰라도 여기서는 저자가 알아본 것을 연대순을 늘어놓아 보았다. 의외의 거물이 자살하기도 했고, 다른 직업에 비해 반드시 적다고도 생각되지 않는다. 기술자에 비교적 많은 것은 그들이 대학 교수처럼 경제생활이 안정되지 못했고, 사회와의 관련성이 강했기 때문일까. 또 생물 관계에서 적은 것은, 특히 그 중 압도적인 비율을 차지하는 것이 의학자인데, 자기를 포함해서 생명을 끊는다는 일에 주저하기 때문일까. 어쨌든 모든 경우를 다 망라한 것도 아니어서 이렇게 적은 예로 일반적인 결론을 낸다는 것은 위험한 일이다. 자살의 원인에도 분명하지 않은 것이 많다. 연구의 좌절, 가정 상의 고민, 질병 등을 고민한 조울병성의 자살이 많다고 생각된다.

<u>존 피치(1743~1798)</u> 미국의 발명가(1장-4 참조). 수면제를 먹고 자살했다.

<u>니콜라 르블랑(1742~1806)</u> 프랑스의 화학기술자. 프랑스 과학아카데미의 현상에 응모해서 1783년 식염에서 탄산소다를 만드는 방법(르블랑법)을 발명했으나, 혁명 정부는 아무 보상 없이 이것을 공개하게 하고 공장을 몰수했다. 1800년에 공장은 반환받았지만 경영자금을 조달하지 못하고 절망 끝에 자살했다.

<u>파울 도르데(1863~1906)</u> 독일의 물리학자. 광학, 결정, 물성 등을 연구했다.

<u>루트비히 볼츠만(1844~1906)</u> 오스트리아의 대물리학자. 기체

분자 운동론, 통계역학을 체계화했다. 원자론을 지지하여 실증주의 입장에서 원자의 존재를 부정하는 빌헬름 오스트발트(1853~1932)와 맹렬한 논쟁에 지쳐 피서지 호텔의 한 방에서 목을 매어 자살했다. 또 도르데와 볼츠만의 잇단 자살은 당시 막다른 상태에 있던 고전 물리학의 말기적 증상을 상징하는 사건으로 주목을 받았다.

폴 캄머러(1880~1926) 오스트리아의 생물학자(7장-74 참조). 표본 위조의 혐의를 받고 권총 자살했다.

월리스 흄 캐러더스(1896~1937) 미국의 화학자. 듀퐁 회사의 연구소장으로 고분자를 연구하여 합성고무의 네오프렌(1931년 공업화), 합성섬유의 나일론(1937년 특허)을 발명했다.

에드윈 하워드 암스트롱(1890~1954) 미국의 전파기술자. 3극 진공관의 발진작용의 발견, 수퍼헤테로다인 방식, FM 변조 방식의 발명 등 무선 기술에의 공헌이 매우 크다. 아파트의 자기 방 창문에서 투신자살했다.

퍼시 윌리엄스 브리지먼(1882~1961) 미국의 물리학자. 고압 물리학의 연구로 1946년도 노벨물리학상을 수상했다. 과학방법론으로 조작주의(操作主義)를 제창했고, 『현대물리학의 논리』를 출판했다.

7. 과학사상의 사기 사건

—어떤 술수로 속였을까?

메스머의 자기 요법을 받는 상류사회 사람들

71. 동물자기의 영력으로 질병을 고칠 수 있는가?

1778년 파리에 괴상한 진료소가 문을 열었다. 소장은 프란츠 안톤 메스머(1734~1815)라는 빈 태생의 경험이 풍부한 의사였다.

이 진료소에서는 메스도 약도 쓰지 않았다. 치료실에는 커다란 타원형 나무 대야가 있고, 그 위에 덮은 나무 뚜껑에 구멍을 몇 개 뚫고 쇠막대가 꽂혀있었다. 대야 속에는 유리병이 몇 개 들었고(쇠막대는 그 유리병 속에 꽂혔다) 쇠 부스러기와 유리 조각, 물이 들었다.

치료실 안은 어두컴컴했다. 안내된 환자들은 대야 주위에 모여 환부에 쇠막대를 갖다 댄다. 부드러운 음악이 들리고 향냄새가 방안에 가득 차 신비로운 분위기가 돈다. 이윽고 기다란 비단으로 만든 예복을 입고 쇠지팡이를 쥔 메스머가 들어와 한 사람 한 사람 환자에게 어디가 아프냐고 묻고, 쇠지팡이를 환부에 댄다. 그 순간 환자의 몸은 마비되고, 심한 경련을 일으키거나 실신까지 하는 사람도 있었다. 이것으로 치료가 끝난다.

대부분의 사람이 이 치료로 병이 나았다고 주장했다. 이 요법은 금방 파리의 귀족과 갑부들, 특히 상류층 부인 사이에 크게 유행하여 메스머는 큰 부자가 되었다.

메스머는 자기 치료법의 근거가 동물 자기(動物磁氣)라고 주장했다. 생물은 모두 몸 속에 자기를 가진다. 자기가 부족하면 병이 생기며, 그러기 때문에 바깥에서 자기를 보급해 주면 병이 낫는다. 대야의 쇠막대를 잡거나 메스머가 쇠지팡이를 환부에 대는 것은 모두 자기를 흘려보내기 위한 것이라고 했다.

그러나 메스머의 진료소가 번창함에 따라 그의 요법을 효과가 없는 엉터리라고 비난하는 의사가 나타났다. 메스머를 지지하는 파와 반대파 사이에서 논쟁이 차츰 격렬해졌다. 메스머의 제자 샤를 데스롱은 프랑스 국왕에게 이 치료법을 공식으로 인가를 내려주도록 청원했다.

국왕 루이 16세는 1784년 네 명의 의사와 라부아지에, 프랭클린을 포함한 다섯 과학자에게 메스머의 치료법이 정말 효과가 있는지 조사하게 했다.

반년 후에 조사 결과가 보고되었다. 결론은 "동물 자기의 존재를 뒷받침할 증거가 없다", "메스머의 치료에는 효과가 없다", "치료를 받은 환자가 보여주는 반응은 환자 자신의 상상력에 의해 흥분하는데 기인한 것이다"라고 하고, 메스머의 방법은 잘못이며 무가치하다고 했다. 이것으로 메스머의 평판은 단번에 떨어지고 환자는 얼씬도 안하게 되었다.

그러나 메스머의 방법이 모두 잘못된 것은 아니다. 그 치료효과 중에는 최면작용이 포함되어 있었다. 그것은 후에 학자들에 의해 발전되어 오늘날의 최면술을 낳는 토대가 되었다.

72. 화석은 신이 만든 돌조각인가?

유럽에서는 16, 17세기에 큰 건축과 운하의 개착이 활발해졌다. 땅을 파헤치자 거인, 파충류, 물고기뼈 등과 조개껍질, 돌로 변한 나무뿌리나 둥치와 같은 이른바 오늘날의 화석이 잇달아 발굴되었다.

천재 만능인 레오나르도 다 빈치(1452~1519)는 이것은 고대 동식물의 유해가 땅 속에 묻혀 오랜 세월이 지나는 동안 돌로 변한 것이라고 했다. 그러나 이것은 소수 의견에 불과했고, 노아의 홍수 때 죽어서 파묻힌 동식물이라거나, 신이 흙으로 창조하다가 실수로 생명을 불어넣는 것을 잊어버린 것이라거나 또는 단순히 희한한 모양으로 생긴 돌인데 형태가 생물을 닮았을 뿐이라는 등등 괴상하고 공상적인 설명이 지배적이었다.

독일의 부르츠부르크대학 교수 요한 베링거(1667~1738)는 유명한 화석 연구가였다. 그는 화석은 고대 동식물의 유해가 아니라, 신이 변덕으로 만든 돌 세공물이라는 견해를 강력히 주장하고 학생에게도 그렇게 가르쳤다. 자신의 주장을 입증할 증거를 얻어내기 위해 그는 세 소년을 고용해 부근 산지에서 화석을 찾게 했다.

이윽고 굉장한 것들이 발견되었다. 새, 거북, 뱀, 개구리, 곤충, 물고기 등을 새긴 돌, 꽃과 잎사귀, 초목을 그린 돌, 태양과 달, 별, 혜성 등이 그려진 돌 등이었다. 더욱 그를 기쁘게 한 것은 라틴어, 아랍어, 헤브라이어의 문자가 새겨진 돌이었는데 이것을 본 신학자들은 모두 그 글씨는 신의 이름 에호바라고 했다.

세 소년들이 발굴한 돌은 2,000개나 되었다. 베링거는 이들을 자료로 해서 아름다운 도판을 곁들인 자신의 학설 해설서를 1726년에 출판했다. 학자들은 다투어 이 책을 사서 읽고, 온 유럽이 이 이상한 돌에 대한 화제로 들끓었다.

그런데 책이 출판된 얼마 후 갑자기 베링거는 이 책을 절판한다고 발표하고, 동시에 전 재산을 털어 이 책들을 다시 사들여 모조리 태워버릴 작정이라고 힘없이 말했다. 그 후 그가 입수한 화석 중에서 어찌된 일인지 베링거 자신의 이름이 새겨진 돌이 발견되었다. 그제서야 그도 자기가 모은 화석이 모조리 엉터리였다는 것을 눈치 챘다.

소동이 컸던 만큼 사건의 진상을 밝히려는 조사가 공식적으로 진행되었다. 화석을 발굴한 세 소년을 심문한 결과, 이 화석들을 만든 것은 다름 아닌 같은 대학의 교수 로데릭과 사서 엑하르트였다. 그들은 한 소년을 매수하여 땅 속에 미리 묻어놓고는 다른 두 소년에게는 시치미를 떼고 함께 파서 베링거에게 갖고 간 것이었다. 베링거가 평소 너무 오만하였기 때문에 골탕을 먹이려는 것이 범인들의 동기였던 것 같다. 범인들은 특별한 처벌은 받지 않았지만, 베링거는 세상의 웃음거리가 되고 역사에까지 그 이름이 남았다.

73. 필트다운에서 발견된 원인의 뼈는 진짜였는가?

1911년 시골 변호사며 아마추어 지질학자인 찰스 도슨은 영국의 서식스 주 필트다운에 있는 자갈층 속에서 오래된 몇 개의 뼈를 발견했다.

그 무렵 다윈의 진화론이 확립되어 인류가 유인원과 공통의 조상에서 진화했다는 것이 널리 믿어졌고, 아직 발견하지 못한 그 공통의 조상, 즉 미싱링크(missing link: 잃어버린 고리)를 찾아내려는 연구가 사람들의 꿈과 열의를 자극하였다.

도슨이 발견한 두개골의 파편 한 개와 두 개의 이빨이 달린 턱뼈를 감정한 런던 자연사 박물관의 지질부장 아더 스미스 우드워드는 이것이 약 50만 년 전에 살던 원인(原人)의 유물이라고 했다. 함께 출토된 몇몇 동물 화석이 약 50만 년 전의 것이었다는 것도 이 견해를 뒷받침했다.

그러나 이 뼈를 조사한 다른 과학자들은 이 우드워드의 결론에 찬성을 표하지 않았다. 턱뼈는 너무도 원숭이를 닮아 아무리 보아도 원인의 것이 아니었다. 이들은 원인의 것 같은 두개골과 턱뼈는 각각 다른 동물의 것이라고 했다. 그러나 우드워드는 자신의 주장을 굽히지 않고 양자 사이에 활발한 논쟁이 벌어졌다.

도슨은 더 발굴을 계속해서 1915년에 또 한 번의 두개골과 턱뼈를 발견했다. 이 발견으로 두개골과 턱뼈는 같은 개체일 것이라는 우드워드의 주장이 입증되었다. 과학자들은 발견자를 찬양하여 이 원인을 에오안트로푸스 다우소니(도스의 여명인)라고 명명했다. 또 발견 장소를 따서 필트다운인(Piltdown 人)이라고도 불리게 되었다.

도슨은 1916년에 죽었다. 이상한 일은 도슨이 죽은 후에는 아무리 파도 필트다운에서는 화석이 전혀 발굴되지 않았다는 것이다. 또한 필트다운인의 특징은 극히 이상하여 차츰 밝혀지게 된 인류 진화 계통상의 어디에도 끼어 넣을 수 없다는 것이 확실해졌다.

결국은 대영박물관의 케네스 P. 오클리와 옥스퍼드 대학의 J. S. 웨이너, W. E. L. 르 그로스 클락의 세 학자가 이 필트다운인의 수수께끼에 도전했다. 그들은 뼈에 포함되어 있는 불소와 우라늄의 함유량을 측정하고 뼈의 구조를 X선으로 조사했다. 다른 뼈를 사용해서 깎거나 염색하는 실험도 했다. 고심 끝에 1953년 겨우 진상이 규명되었다.

두개골은 어디서 입수했는지 몰라도 원인의 것이었다. 그러나 턱뼈는 오랑우탄의 뼈를 가공해서 오래된 것처럼 조작한 것이었다. 동시에 발굴된 50만 년 전의 동물 화석은 세계 각지에서 모은 것이었다.

결국 도슨은 과학적 대발견을 했다는 명예를 얻기 위해 가짜 화석을 만들어 필트다운의 자갈층에 묻었다가 자기가 다시 파냈던 것이다.

74. 두꺼비의 혼인혹은 가짜였는가?

1926년 9월 23일 오스트리아의 테레지아 산 속의 산길에 단정한 신사가 권총에 머리를 맞고 죽은 것이 발견되었다.

그 신사는 빈 태생의 생물학자 폴 캄머러(1880~1926)였다. 그는 빈대학을 나온 후 대학의 실험 생물학 연구소에 들어가 양서류와 파충류를 연구했다. 이런 소동물의 사육에 있어서는 다른 사람이 흉내도 못 낼 만큼 그는 특출한 재능을 갖고 있었다.

당시 생물학계의 주류는 개체가 환경에 적응함으로써 생긴 변이(획득형질, 이를테면 대장장이가 힘든 일을 하면 팔이 굵어지는 것)는 유전하지 않고, 유전자가 변화함으로써 생긴 돌연변이만이 유전한다는 다윈과 바이스만의 학설이었다. 이에 대한 소주파로서는 획득형질의 유전을 지지하는 라마르크주의의 학자가 있었다. 캄머러도 그 중 한 사람이었다.

1903년부터 5년간, 그는 유럽산 두 종류의 불도마뱀을 써서 실험하여, 자연 상태와 다른 환경 아래서 사육함으로써 생식 방법을 변화시키고, 더구나 그것을 유전시키는 일에 성공했다. 잇달아 얼룩 불도마뱀을 검은 흙에서 사육하면 차츰 노란 반점이 없어져 거무칙칙하게 되며, 반대로 노랑 흙에서 사육하면 노란 반점이 차츰 커져 노리끼리하게 된다는 것을 증명했다.

그러나 그의 가장 유명한 실험은 두꺼비에 관한 것이다. 대부분의 개구리는 물속에서 교미하기 때문에 교미기가 되면 수개구리의 앞발 끝에 암개구리를 꽉 붙잡는 거무칙칙한 뿔 같은 융기, 즉 혼인혹이 생긴다. 그러나 이 두꺼비는 육상에서 교미하기 때문에 혼인혹이 필요 없으므로 생기지 않는다. 그러나 캄머러는 고심 끝에 두꺼비를 물속에서 사육함으로써 1909년 한 마리의 수개구리에 혼인혹을 발달하게 할 수 있었다.

이 발견은 1919년에 보고되어 라마르크주의를 지지하는 강력한 증거로서 세계 생물학계에 큰 충격을 주었다. 찬부 양론이 얽혀, 특히 획득형질의 유전을 믿는 소련학자들이 강력하게 지지했다.

결국 1926년에 생물학자들이 모인 위원회가 조직되고 캄머러가 보존하고 있던 두꺼비의 표본을 조사하게 되었다.

몇 주일 후, 캄머러의 실험 결과는 엉터리였다는 결론이 내려졌다. 캄머러가 말하는 혼인혹은 특유한 가시 모양의 돌기가 없으므로 혼인혹이 아니었다. 거무스레한 빛깔은 외부에서 먹을 주입했다는 것이었다는 것이다.

이 보고가 발표된 6주일 후에 감메러는 자살했다. 두꺼비의 표본을 위조한 것은 캄머러 자신이라는 것이 정설이지만, 누군가 다른 사람이 했을 가능성도 전혀 부정할 수는 없다.

75. 누가 정말로 인공다이아몬드를 만들었는가?

다이아몬드는 가장 귀하고 값진 보석이다. 이것을 어떻게든지 인공적으로 만들려는 꿈은 꽤 오래 전부터 있었던 것이 확실하다. 과학의 진보와 더불어 이 꿈은 차츰 실현 가능성이 커져갔다.

1797년 영국의 스미슨 테넌트가 자기 다이아몬드를 태워서 생긴 기체를 조사한 사치스러운 결과, 다이아몬드가 순수한 탄소에 지나지 않는다는 것을 밝혀냈다. 그 후 다이아몬드가 많이 산출되는 남아프리카 킴벌리 지방의 지질을 연구하여 다이아몬드는 땅 속에서 고온과 고압을 받아 생성된다는 것을 알게 되었다. 그렇다면 탄소에 충분한 고온과 고압을 가하면 다이아몬드가 만들어질 것이 아닌가?

이 방향을 좇아 수많은 실험이 실시되었다. 최초로 다이아몬드의 제조에 성공했다고 보고한 것은 영국의 하네였고, 1880년의 일이다. 탄소원으로 파라핀 등의 탄화수소를 사용하고, 이것을 골유와 리튬에 섞어 철관 속에 넣어서 빨갛게 달아오를 때까지 가열했다. 80번이나 실험을 했는데 관이 파열되지 않았던 것은 단 세 개뿐이었고, 그 속에서 다이아몬드가 생성되었다고 보고했다. 이 다이아몬드는 지금도 런던의 대영박물관에 보존되어 있다.

프랑스의 노벨상 수상 화학자 앙리 무아상(1852~1907)은 자신이 개발한 강력한 전기로로 철에 탄소를 섞은 것을 녹인 다음 이것을 갑자기 찬물에 넣었다. 철이 냉각될 때 수축해서 속에 강한 압력이 발생할 것이다. 그 다음에 철을 산에다 녹였더니 다이아몬드의 작은 결정이 얻어졌다고 보고했다. 무아상은 양심적인 학자였으므로 세상은 그의 성공을 사실이라고 믿었다.

1933년 독일의 한스 가라바첵이 복잡한 공정을 통해서 다이아몬드를 만드는데 성공했다고 보고하고 독일 특허를 땄다.

그러나 1941년부터 미국의 노벨상 수상 물리학자 브리지먼

(6장-70 참조)이 고압물리학의 연구를 추진한 결과, 그때까지 많은 사람들이 한 실험으로는 다이아몬드가 생성되는데 필요한 고온, 고압에 도달하지 못했음이 밝혀졌다. 즉 그때까지 성공했다고 보고된 것은 모두 거짓이었거나 엉터리였다는 것이다.

가라바첵의 경우는 분명한 사기였고, 하네도 그런 혐의가 짙다고 한다. 그러나 무아상의 경우는 그가 죽은 후 실험 조교가 거듭되는 실험에 짜증도 나고, 또 선생을 기쁘게 해 주려고 몰래 다이아몬드 조각을 집어넣었다고 미망인에게 고백했다. 무아상 자신은 그것도 모르고 성공한 줄 알고 세상을 떠났던 것이다.

브리지먼의 연구를 토대로 하여 인공다이아몬드가 1955년에 제너럴 일렉트릭의 연구소에서 처음으로 만들어졌다.

76. 아틀란티스 대륙은 실존했는가?

아틀란티스 대륙의 이야기는 기원 전 4세기 그리스의 대철학자 플라톤의 저서에 나온다. 지브롤터 해협의 바로 서쪽, 대서양에 뜬 큰 섬으로, 주민들은 아주 부유한 생활을 했다. 우뚝 솟은 궁전, 거대한 운하, 장대한 다리, 금은으로 아로새긴 사원, 정원, 경기장이 있는 꿈의 낙원이었다. 군사를 풀어 남서 유럽과 북서 아프리카를 정복했는데 끝내 아테네의 그리스인에게 패했다. 그 후 아틀란티스 사람들은 타락하여 못된 일만 일삼다 그 업보로 홍수와 지진이 일어나 하루 밤낮 사이에 바다 밑으로 가라앉았다. 플라톤 시대에서 9000년 전의 일이었다고 한다.

중세 이후 아틀란티스의 이야기는 실화라고 믿어져 이것을 발견하기 위한 항해가 거듭되었다. 현재도 이 아틀란티스의 실존을 믿고 찾아 헤매는 사람들이 있다. 때로는 정말 발견했다고 자칭하는 사람도 있다. 그중에서도 가장 세인의 주목을 끈 것은 폴 슐리만이었다. 그것은 이 사람의 조부야말로 그리스 신화에 나오는 트로이의 유적을 발굴해낸 유명한 하인리히 슐리만(1822~1890)이었기 때문이다.

손자 폴은 1912년 10월, 뉴욕에서 발간되는 잡지 「아메리칸」에 장문의 기사를 실었다. 그에 따르면 그의 조부는 죽을 때, 엄중히 봉인한 두꺼운 문서를 남겼다. 1906년 폴은 그것을 뜯어 그 속에 쓰인 바에 따라 아틀란티스 대륙이 실존한다는 증거를 몇 가지 얻을 수 있었다. 폴은 그 후 다시 6년 동안에 걸쳐 페루, 이집트, 티베트를 여행하며, 페루의 티아우아나코의 유적은 아틀란티스 사람들이 파멸 후에 정착한 곳이라는 것을 규명했고, 또 티베트의 사원에서 아틀란티스 파멸의 경위를 기록한 고대 바빌로니아의 사본을 입수했다. 롤은 앞으로 더 연구를 계속해서 언젠가는 모든 수수께끼를 풀어내어 책으로 간행하게 되리라고 끝을 맺었다.

고고학 전문가들은 일찍부터 아틀란티스 대륙에 열을 올리는 몽상가들을 비웃었지만, 폴 슐리만의 경우는 조부가 조부이니만큼 그냥 웃어넘길 수만은 없었다. 그들은 진지하게 폴이 내세운 증거를 조사하기 시작했다. 그러나 연달아 거짓이 드러났다. 조부가 남겼다는 문서를 바탕으로 하여 그가 발견했다고 하는 물건 중에는 시대와 모순되는 것도 있었다. 폴이 각지를 여행하여 조사한 증거도 없었다. 하인리히 슐리만의 발굴에 참가한 조수는 하인리히가 아틀란티스 문제를 대규모로 연구한 일이 없었다고 증언했다.

결국 폴 슐리만이 쓴 것은 전부 거짓말이었다는 것이 밝혀졌다. 그는 이 조사가 진행되는 동안 한 마디도 반론하지 않았고 약속한 책도 쓰지 않았다. 그는 조부의 명성을 이용하여 자기 명성을 떨쳐보려고 했으나, 한때 세상의 주목을 끌었을 뿐 도리어 악명만 남긴 채 잊히고 말았다.

77. 비행기의 발명자는 라이트인가, 랭글리인가?

1914년 5월에서 6월에 걸쳐 미국 뉴욕 주 하먼즈포트 근처의 큐커호에서 플로우트를 단 괴상한 모양의 비행기의 비행 실험이 있었다. 비행기는 몇 번이나 수면을 떠서 날아올랐다. 최장 비행시간은 단 5초였다. 빈약하기 짝이 없는 성과였지만 뒤에는 처절한 이해에 엇갈린 충돌과 음모가 있었고, 또 그 후 30년 가까운 피투성이의 파문을 일게 했다.

이야기는 11년 전으로 거슬러 올라간다. 미국의 라이트[형 윌버(1867~1912), 오빌(1871~1948)]형제가 노스캐롤라이나 주 키티호크의 모래 언덕에서 인류 최초의 기계 비행에 성공한 것은 1903년 12월 17일이었는데, 그보다 바로 9일 전에 워싱턴 근처의 포토맥강에서 유명한 과학자 새뮤얼 피어폰트 랭글리(1834~1906)의 비행기 실험이 있었다. 그러나 이 비행기는 발사대를 떠난 순간 부서지면서 강물 속에 빠져버렸다. 랭글리는 세상의 웃음거리가 되어 3년 후 죽었다.

랭글리는 그 무렵 거대한 미국 국립학술기관인 스미스소니언 협회의 회장이었고, 과학계의 대표적 인물이기도 했다. 이윽고 라이트 형제의 성공이 세상에 알려지고 비행기의 발명자로서

〈그림 7-1〉 배 위에 설치된 발사대에 실린 랭글리의 비행기, 이 때 날아오르려다 강에 떨어졌다

〈그림 7-2〉 라이트 형제의 비행기에 의한 인류 최초의 비행. 비행기 안에는 동생 오빌, 오른편에 서 있는 사람은 형 윌버

화려한 각광을 받게 되자 과학자들은 “자전거 가게의 직공에게 명예를 빼앗겼다”고 마음이 평온하지 못했다. 특히 랭글리의 뒤를 이어 스미스소니언 협회의 회장이 된 찰스 월콧은 어떻게 해서든지 전회장의 명예를 회복하려고 힘썼다.

그러던 차에 1914년이 되자 라이트 형제의 라이벌인 유명한 비행가 글렌 커티스가 실패로 끝난 랭글리의 기체를 수리복원해서 과연 정말로 날 수 없었는지 실험해보고 싶다고 신청해왔다.

실은 커티스에게는 어떤 속셈이 있었다. 그는 보조날개의 특허를 둘러싸고 라이트 형제와 다투어 얼마 전 재판에서 막 패소한 참이었다. 그는 그런대로 아이디어를 약간 변경해서 라이트 형제에게 다시 도전하는 동시에 재판관의 심증에도 호소할 작전을 취했다. 그러기 위해서는 랭글리의 비행기가 실은 날 수 있었다는 것을 실증하고, 라이트의 공적과 기량이 결코 공전후무한 것이 아니라는 것을 밝힌다면 재판에서도 라이트의 주장만을 채택하지는 않게 되리라고 생각한 것이다.

스미스소니언 협회는 그런 꿍꿍이가 있으리라고는 꿈에도 모르고, 커티스의 신청을 기꺼이 받아들여 실험 비용으로 2,000달러를 지불했다. 그리하여 1914년 큐커호에서 실험이 실시되었다. 거뜬히 성공했다는 기별을 받고 기뻐한 스미스소니언 협회는 이 해의 연차 보고에서 “이 실험으로 랭글리의 비행기는 세계 최초로 날 수 있는 비행기라는 것이 실증되었다”는 성명을 발표했다.

78. 랭글리의 비행기는 개조한 덕분으로 날았는가?

라이트 형제는 훨씬 전에 랭글리의 비행기의 형태와 구조를 연구해서 절대로 날 턱이 없다는 결론에 도달했었기 때문에, 뜻밖의 실험 성공과 그 후 스미스소니언 협회의 성명에 오빌 라이트는 매우 놀랐다. 이면에 무슨 속셈이 있을 것이라고 곧 조사를 시작했다.

1903년에 랭글리가 발표한 기체에 관한 데이터와 이번 실험에 대해 스미스소니언 협회가 공표한 데이터를 대조해 본 결과 수수께끼는 금방 풀렸다. 커티스가 날린 비행기는 랭글리의 비행기의 복원이라기보다는 완전히 다른 것이었다. 형태만은 본래의 것과 똑같았지만, 크기와 구조도 크게 다르고, 훨씬 강도가 큰 재료를 사용했으며 엔진도 강력했다. 프로펠러는 끝을 자른 합리적인 형태로 바뀌었는데, 기가 막히게도 라이트의 특허에 포함된 보조날개까지 붙어 있었다. 고친 곳이 실로 35군데나 되었다. 그리하여 이 비행기는 안정도나 조정성이 비교도 안 될 만큼 높아졌고, 만약 이것으로 날지 못한다면 도리어 이상할 정도였다.

오빌 라이트는 스미스소니언 협회에 이 증거를 제출하고 잘못된 성명을 취소하라고 요구했다. 그런데 놀랍게도 스미스소니언 협회는 과오를 인정하려 들지 않았다. 커티스의 실험에 속임수가 없었다고 주장하며, 설사 기체에 변경을 가했다고 하더라도 그것은 사소한 것이었으며 실험 결과에 영향을 미칠 만한 것은 아니었다고 강력히 주장했다.

라이트는 꺾이지 않고 계속 항의했고 스미스소니언 협회는 질세라 1915년에서 1918년까지 해마다 연차보고에 라이트에

〈그림 7-3〉 개조된 덕분에 호수 위를 날게 된 랭글리의 비행기

대한 반론을 실었다. 뭐니 뭐니 해도 스미스소니언 협회는 국립의 큰 조직이었고, 미국 과학계를 대표하는 존재여서 세상은 그 주장을 믿었다.

더욱이 스미스소니언 협회는 랭글리의 비행기를 1903년의 본래 상태로 복원해서 조립하고, 이것에 '인간을 태우고 날 수 있었던 세계 최초의 비행기'라는 팻말을 붙여 항공 박물관에 화려하게 전시했다. 이대로 두면 영락없이 랭글리의 비행기가 첫 번째이고, 라이트의 비행기는 두 번째라는 잘못된 항공 역사가 영구히 확립되어버릴 우려가 있었다.

안절부절한 라이트에게 마침 런던의 과학박물관에서 라이트의 최초의 비행기를 전시하고 싶다는 신청이 들어왔다. 그 기체는 매사추세츠 공과대학의 창고 속에 먼지를 뒤집어 쓴 채 버려져 있었다. 라이트는 가능하면 자기 비행기에 올바른 설명을 붙여 미국에서 전시했으면 하고 생각했으므로 그 신청을 좀처럼 받아들이지 않았다. 그러나 스미스소니언 협회는 여전히 완강하게 라이트의 주장에 귀를 기울이지 않았으므로, 그는 결국 눈물을 머금고 1928년 비행기를 영국으로 보냈다.

그런데 유럽 관광을 온 미국인들이 뜻밖에도 자기들이 자랑하는 라이트의 비행기를 보고 깜짝 놀랐다. 나라의 수치이니 미국으로 도로 가져가야 한다고 여론이 높아졌다. 사정을 아는 사람들 중에서 라이트의 비행기와 랭글리의 비행기 중 어느 쪽이 먼저 인지를 조사해서 확정하라는 의안이 의회에 제출되었다.

월콧의 뒤를 이어 스미스소니언 협회장이 된 찰스 아봇은 뒤틀려진 라이트와의 관계를 어떻게든지 개선해야겠다고 생각하여 새로 위원회를 조직해서 1914년의 실험 진상을 조사하게 했다. 그 결과 라이트의 주장대로 랭글리의 비행기를 복원할 때 대폭적인 변경이 가해졌다는 것이 밝혀졌다.

1942년 스미스소니언 협회는 이 조사 결과를 발표하고, 28년 전의 성명을 취소하는 동시에 라이트에게 사과하는 성명을 냈다.

라이트도 겨우 납득하고 자기 비행기를 미국으로 도로 가져오기를 승낙했으나, 세계대전으로 연기되었다가 1948년에야 겨우 돌아왔다. 그러나 그 때 라이트는 이미 이 세상에 없었다.

79. 영구기관의 발명자는 어떻게 사람을 속였는가?

사기라는 것은 어쨌든 들통이 나기 마련이지만, 영구기관(3장-26 참조)이라는, 처음부터 그다지 사람들이 믿지 못할 발명으로 많은 사람들을 거뜬히 속이고 많은 자금을 출자하게 해서 죽을 때까지도 들통이 나지 않고, 죽은 후에도 대부분의 사람들이 속은 줄을 눈치도 못 채게 했다면 정말로 신통한 천재적 사기라고 밖에 할 말이 없다. 이 주인공이 미국의 존 워렐 키리(1837~1898)였다.

다만 키리의 발명은 단순한 영구기관이라고 하기에는 복잡했다. 무에서 에너지를 만들어내는 것이 아니라 물이라는 흔해 빠진 물질을 사용해 공감적 진동에 의해 재결합을 일으키게 해서 믿을 수 없을 만큼 대량의 에너지를 꺼낸다는 것이었다. 키리는 교육을 받지 않았으나 구변이 뛰어난 사람으로, 난해한 용어를 거침없이 구사하며 종횡으로 자신의 주장을 전개하여 사람들을 어리둥절하게 만들었고 혹하게 했다.

1827년에 10명 남짓한 기술자와 자본가들이 합계 1만 달러를 출자해서 키리 모터 회사를 설립했다. 키리는 그 돈으로 부품을 사 모아 금속관, 구, 밸브, 계기 등이 복잡하게 꾸며져 정교하게 보이는 기계를 조립했다. 실험은 1874년 필라델피아의 유력자들 앞에서 실시되었는데, 출석자의 한 사람은 "계기는 1제곱인치당 5만 파운드 이상의 압력을 지시했다. 굵은 밧줄이 끊어지고, 쇠막대가 휘었으며, 발사된 총알은 12인치 두께의 판을 관통했다."고 보고했다.

> "나는 1쿼트(약 1ℓ)의 물로 기차를 필라델피아에서 뉴욕까지 달리게 할 수 있다"

고 키리는 호언장담했다.

공개 실험의 대성공으로 출자자들의 의기가 높아졌다. 키리는 기계의 상업적 실용화에 나서 그 비용으로 거듭 다액의 투자를 요구했다. 그러나 연구는 지지부진이었다.

그럭저럭 하는 동안에 20여년이 지나 1898년에 그가 죽었다. 출자자들이 조사해 보았더니 기계 설계도도 없었고, 키리 모터의 비밀은 그와 함께 저 세상에 가버렸다. 함께 수십만 달러에 이른 투자는 모두 키리의 사치를 다한 생활비로 쓰였고 이익이라고는 한 푼도 없었다. 출자자들은 넋을 잃었지만 그래도 속았다는 것을 깨닫지 못했다.

가장 열성적인 투자자 중 한 사람이었던 무어부인의 아들 클라렌스 B. 무어는 전부터 키리의 행동에 의심을 품었는데 키리가 죽자 그의 실험실이 있던 건물을 임대하여 이 잡듯이 조사했다. 그 결과 실험실 마루 밑에 압축 공기탱크가 감춰져 있었고, 거기에서 파이프를 요소요소에 끌어 압축 공기의 힘으로 기계를 움직였다는 것을 알아냈다. 키리 모터는 영구기관도 아무것도 아니었던 것이다.

80. 장군은 왜 연금술사에게 속았는가?

독일의 루덴도르프 장군(1865~1937)이라면 1차 대전의 타넨베르크 전투에서 큰 승리를 거두어 국민적 영웅이 되었고, 육군참모차장으로 전군을 지휘했으며, 패전 후에도 우익 거물로서 민주파와 사회주의자와 맞섰던 강자였다. 그런 그가 어처구니없게도 연금술사에게 속아 넘어갔다는 것이다.

1925년 프란츠 타우젠트라는 한 독일인이 비금속을 금으로 바꾸는 방법을 발견했다고 자칭하며 사람을 통해 루덴도르프에게 알려왔다. 루덴도르프는 처음에는 반신반의하다가 사위를 시켜 조사한 결과 그것을 믿게 되었다. 타우젠트는 핵심이 되는 연금 과정의 마지막 단계는 절대로 비밀이라고 하여 한 번도 보여주지 않았지만, 바늘 머리만 한 금 알갱이를 만들어내는 실험을 40~50번이나 되풀이했다고 한다.

루덴도르프는 전부터 친하던 군인, 귀족들을 설득하여 자금을 모아 1927년, 타우젠트를 지배인으로 해서 금을 만드는 회사를 설립했다. 타우젠트의 사기가 폭로된 후에 자기들이 사업을 시작한 것은 개인적으로 돈벌이를 하기 위한 것이 아니라, 금값을 내림으로써 세계 자본주의를 혼란시켜 독일의 경제적 궁핍을 타개하고, 독일로 하여금 다시 세계 강국으로 대두하게 하기 위해서였다고 변명했다. 어디까지가 진심인지 알 수 없지만 이 애국적 목적을 위해 회사가 올린 이익의 75%는 루덴도르프에게, 20%는 다른 출자자에게, 나머지 5%는 타우젠트에게 나누어지게 되어 있었다.

타우젠트는 남작을 자칭하고 다니며 회사 자금을 물 쓰듯 썼다. 궁전 같은 호화 저택에 살면서 사치스런 생활을 즐겼다. 그러나 영화의 꿈은 오래가지 못했다.

핵심인 금의 생산이 지지부진하자 참다못한 출자자가 기어코 그를 고발하여, 1929년 말에 타우젠트는 사기 혐의로 체포되었다.

재판은 1931년 1월부터 뮌헨에서 열렸다. 호출된 증인들의 증언은 타우젠트에게 유리한 것과 불리한 것으로 대립되었다. 과학자가 아닌 사람들은 대개 타우젠트가 정말로 금을 만들었다고 믿었다. 그러나 야금이나 조폐 관계 전문가는 모두 사기라고 통박했다.

어떤 조폐국 이사는 "자기가 입회했던 실험에서 타우젠트가 만든 금 알갱이를 몰래 가지고 나와 분석해 보았더니 만년필촉과 똑같은 14금이었다. 타우젠트는 자기 만년필을 교묘한 술수를 써서 그 금 알갱이를 만들어낸 것이 아니었을까"고 했다. 진상은 아무래도 그런 것 같다.

결국 타우젠트는 유죄가 확정되고 3년 8개월의 금고형이 선고되었다. 재판장은 판결에서 "혓바닥 세치로 막대한 돈을 우려먹었다는 것을 생각한다면 이 형량은 너무 가볍다"고 했다.

8. 과학을 위장한 미신
—그 근거는 무엇이었을까?

에스파냐에서의 마녀 화형 의식

81. 점성술은 어떻게 탄생했는가?

천문학이 탄생한 것은 바빌로니아와 이집트 등 사막 지역이었다. 두드러진 목표가 없는 모래초원 속에서 방목이나 대상의 진로를 알아내는 수단이라고는 밤하늘의 달이나 별밖에 없기 때문이었다. 비가 적고 하늘이 늘 개었다는 것도 천체 관측에는 편리했다.

하늘은 대지를 커다란 구면처럼 둘러싸고, 무수한 별이 아로새겨졌다. 특히 눈에 두드러지는 밝은 별은 저마다 특징적으로 배치되었고 인물, 동물, 기물 등의 형태를 상상하게 했다. 이리하여 밝은 별을 몇 개 연결해서 한 조로 한 별자리가 만들어졌다.

밤마다 별을 쳐다보고 있으면 별자리의 모양은 변하는 일이 없지만, 시간과 더불어 그 위치가 바뀌고, 거의 하루에 한 번꼴로 동에서 서로 돈다는 것을 알게 되었다. 또 밤마다 같은 시각에 볼 수 있는 별의 위치도 조금씩 바뀌어, 어떤 것은 동에서 서로 천천히 1년에 한 바퀴 회전한다는 것을 알았다. 이리하여 천구는 하루 한 번 동에서 서로 회전하면서 동시에 1년에 한 바퀴 동에서 서로 회전한다는 우주상이 만들어졌다.

낮에는 별을 볼 수 없지만, 새벽이나 저녁녘에 보이는 별의 상태에서 태양이 천구 상의 어느 위치에 있는지 가늠할 수 있다. 이를 통해 태양이 천구 상의 어떤 일정한 길(황도)을 따라 1년에 한 바퀴 서에서 동으로 돈다는 것을 알았다.

달의 운동은 더 빠르며 약 27일 동안에 천구 상을 서에도 동으로 1회전하였다. 천구의 대부분의 별(항성)은 위치를 바꾸지 않지만 수성, 금성, 화성, 목성, 토성의 다섯 행성만은 천구

상을 각각 다른 속도로 서에서 동으로 돌며, 때로는 섰다가 다시 되돌아가는 일도 있었다.

시간과 더불어 이 다섯 행성의 이상한 행동에 주목하여 지상의 여러 가지 현상에 무슨 영향을 미치는 것이 아닌가 생각하게 되었다. 더욱이 태양이 천구의 황도 상을 도는 동안 계절이 바뀌고 기온도 변화하며, 그와 더불어 싹이 트고, 꽃이 피고, 열매가 영글고, 동굴도 성장하고 번식한다. 태양이 지상의 여러 현상, 나아가서는 인간생활에 극히 큰 영향을 준 것임에 틀림없다. 그렇다면 태양뿐만 아니라, 달이나 행성, 여러 별자리도 또한 자연계나 인간만사에 영향을 미치리라고 생각한 것은 자연의 추세였다.

이리하여 여러 천체의 배치와 운행을 실마리로 삼고, 개인이나 사회, 국가의 운명과 길흉을 판단하고 예언하는 술법, 즉 점성술이 태어났다. 물론 천구나 별자리, 행성에 대한 지식이 어느 정도 축적되지 않으면 점성술에 관한 발상이 생겨나지 못한다. 그리고 또 점성술이 정확하려면 끊임없이 천체를 관측하고 그 배치나 운행에 대한 지식을 축적해서, 과거 또는 장래의 여러 천체의 위치를 정확하게 규명할 수 있어야 한다. 그런 까닭에서 과학적인 천문학과 점성술은 본래 함께 탄생했으며, 또한참 동안은 함께 서로 협력하면서 천문학의 진전에 공헌했다.

82. 황도 12궁이란 무엇인가?

점성술에서(혜성 천문학에서도) 가장 중요한 것은 천구 상을 운동하는 통로, 즉 황도다. 황도 상의 태양의 위치를 나타내기 위해 바빌로니아에서 12궁(宮)이 고안되었다. 즉 태양은 12개

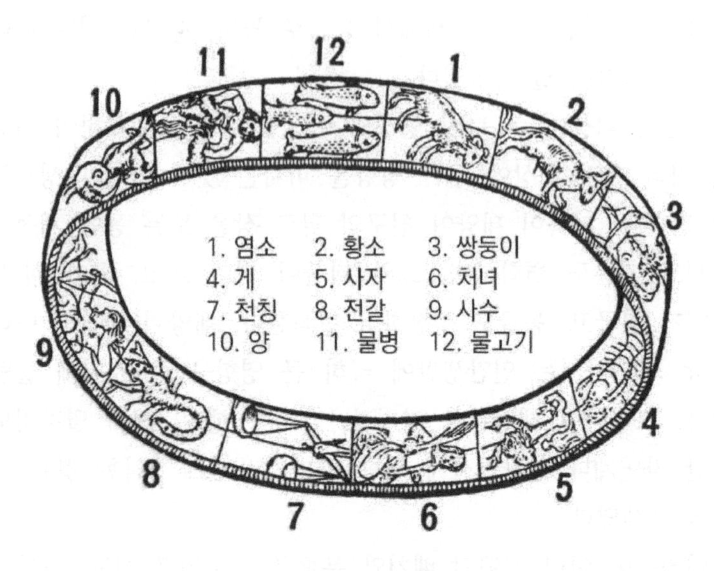

〈그림 8-1〉 별자리

월이 걸려 황도를 일주하므로, 일주하는 360°를 12등분해서 30°씩의 궁으로 나누면, 태양은 한 달 동안 한 궁 속에 있고, 다음 달에는 다음 궁으로 옮긴다. 이것은 태양의 위치를 가리키는데 편리하다. 분할 기점을 춘분, 즉 주야의 길이가 같아지는 날의 위치를 뜻하는 춘분점으로 정했다(그림 8-1).

바빌로니아에서는 이리하여 춘분점에서 30°씩 황도를 분할한 것에, 거기에 있는 별자리의 모양과 계절을 관련지어 적당한 이름을 붙였다. 그것이 그리스로 건너가 약간의 변경이 가해지고 정리되어 오늘날의 12궁이 만들어졌다. 그것은 그림에 보인 대로인데, 인물과 연장이 섞였지만, 전체적으로는 동물이 많으므로 12궁을 가리켜 수대(獸帶)라고도 한다.

바빌로니아에서는 12궁의 명칭이 각각 구체적인 뜻을 가지고 있었다. 이를테면 황소자리에 태양이 왔을 때는 4월 말이고 소를 교배시킬 시기이며, 쌍둥이자리는 본래 「결혼한 사람」으로, 여기에 태양이 오는 6월은 결혼의 계절이었다.

사자자리는 왕이 사자를 사냥하는 여름을 나타내고, 물병과 물고기자리는 바빌로니아에서는 비가 많은 계절이었다. 12궁의 이름은 지금도 점성술에서 무슨 뜻이 있는 것 같이 해석되지만, 본래 바빌로니아와 지리도 기후도 다른 지역에서는 부합되지 않는 것은 말할 나위도 없다.

12궁은 각각 특유한 속성을 가지며, 사람의 신체 부분이나 기관을 지배하고, 사람의 성격이나 운명에도 영향을 미친다고 하였다.

그렇지만 바빌로니아나 고대 그리스 시대부터 2천 년이나 지난 지금, 춘분점은 황도상에서 30° 가까이 서쪽으로 치우쳐졌다. 이것은 세차(歲次)라고 불리는 현상에 의하는데, 이 때문에 본래 황소자리와 물고기자리의 경계에 있던 춘분점은 지금은 물고기자리의 중앙을 넘어선 곳까지 와버렸다.

그러나 점성술에서는 지금도 바빌로니아시대의 정의를 고수한다. 즉 염소자리는 전과 변함없이 춘분점에서 시작해서 30° 각도를 갖는 황도 부분에 지나지 않는다. 그러므로 점성술에서 말하는 12궁의 위치와 실제 하늘에서 볼 수 있는 12별자리의 위치와는 약 30°, 즉 궁 하나씩 차이가 생겼다. 그런 까닭으로 점성술에서 말하는 12궁과 천문학에서 말하는 열두 별자리는 같지 않다.

83. 점성술은 언제 번성했는가?

점성술은 먼저 바빌로니아에서 시작해서 이집트, 인도에 전해졌다. 중국에도 오랜 전부터 점성술이 있었지만, 바빌로니아와의 관계는 분명하지 않다. 본래는 자연계와 물질현상, 사회와 국가, 국왕 등 어떤 지역의 주민 전체에 영향을 주는 사항에 대해 길흉을 점치고 예언하는 것이 전부였다(중국, 일본의 점성술은 나중에도 이 성격을 유지했고, 또 일식, 월식이나 혜성 등, 이상 현상이 중시되었다).

그러나 그리스 시대로 접어들자 성격이 바뀌어져 개인의 운명에 관한 일이 추가 되었다. 즉 출생 시의 배치에서 개인의 성격이나 평생 운수를 점치는 일, 또 가까운 장래에 있을 사건이나 계획, 결정의 성공 혹은 실패를 예지하는 일 등이다. 이 때문에 다음 절(84)에서 말할 호로스코프가 중요한 역할을 하였다.

그리스의 점성술을 체계화한 것은 『알마게스트』의 대저술로 고대천문학을 집대성한 유명한 프톨레마이오스(160년경 사망)다. 그의 점성술 책 『테트라비브로스』는 후세까지 점성술의 성서 구실을 했다. 로마제국의 황제들은 몇 번씩 점성술 금지령을 내리고, 그리스도 교회도 「숙명론을 조장하여 신의 섭리를 부정하도록 유도하는」 이교적 미신이라고 하여 점성술을 맹렬하게 공격했다. 그러나 점성술의 인기는 떨어지지 않았다.

로마제국이 몰락하자 학술 일반이 쇠퇴함과 더불어 점성술도 시들어졌다. 그러나 그동안 아랍인들이 학술 일반과 점성술, 연금술을 발전시켜 11~12세기가 되자 다시 유럽에 도입되었다. 유럽의 학술이 부흥되고 르네상스가 화려한 꽃을 피우게 되었다.

중세 말기가 되자 점성술은 특히 왕후, 귀족 사이에서 크게 유행했다. 어느 궁정이든 점성술사를 고용했고, 정치나 전쟁문제로 그들의 조언을 구했다.

프랑스의 왕 프랑수아 1세(재위 1515~1547), 에스파냐의 왕 카를로스 1세(재위 1515~1556), 신성로마제국황제 루돌프 2세(재위 1576~1612)들이 특히 점성술에 열성이었다고 한다.

따라서 이 시대에는 노스트라다무스(8장-85 참조)나 제지롤라모 카르다노(1501~1576) 같은 유명한 점성술사가 나왔다. 또 천문학자 튀코 브라헤(1546~1601), 요하네스 케플러(1571~1630)도 점성술을 다루었는데, 적어도 케플러는 생계를 위한 수단으로서 점성술을 이용하였지만 점성술을 과학이라고는 인정하지 않았다.

그 후 갈릴레오나 뉴턴의 노력에 의해 근대 천문학이 확립되자 점성술은 급격히 인기를 잃게 되고, 18세기 말에는 수상술, 관상술과 같은 단순한 점으로 몰락했다. 그런데 뜻밖에도 19세기 말부터 20세기 초에 걸쳐 되살아나 점차 세력을 만회했다.

현재는 인도나 유럽, 특히 미국에서 크게 유행하며 신문, 잡지에서는 점성술에 의한 운세풀이가 인기물로 되었고, 점성술의 전문 잡지나 학교가 수십 군데 된다고 한다.

84. 호로스코프란 어떤 것인가?

점성술로 개인의 성격이나 운세를 예지하기 위해서는 그 사람이 탄생했을 때의 12궁이나 태양, 달, 행성의 위치를 알아내어 그림에 기입할 필요가 있다. 〈그림 8-2〉를 호로스코프라고 한다.

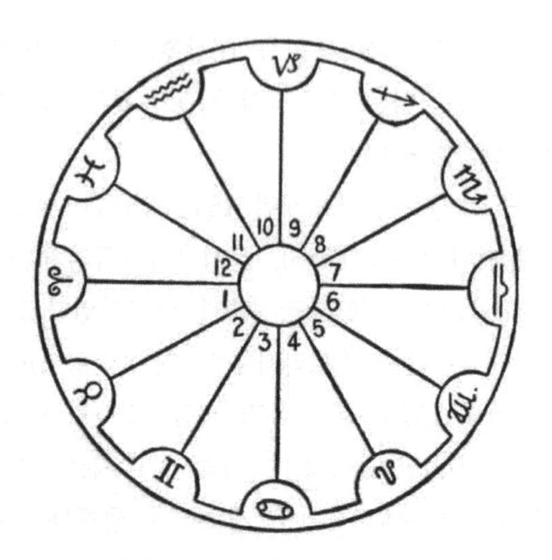

〈그림 8-2〉 근대의 호로스코프의 기본형. 숫자는 집, 주위의 기호는 12궁을 나타낸다

호로스코프를 만들기 위해서는 먼저 천구 상에 좌표를 정해야 한다. 지평면을 사방으로 한없이 연장하면 천구는 상하 둘로 갈라진다(하반부는 발 밑에 있게 되어 보이지 않는다). 다음에 머리 위를 지나 진북과 진남을 잇는 선(자오선)을 그으면, 상하반구는 각각 반으로 갈라진다.

이 4분의 1씩을 다시 진북과 진남을 잇는 선에 의해 3등분하면 천구 전체가 12부분으로 갈라진다. 이 하나하나를 하우스(집)라고 하고, 동쪽 지평선 바로 밑에 있는 것을 1번으로 해서 그림과 같이 차례로 2, 3, …… 12로 명명한다. 이 배치는 옛날에는 삼각형을 써서 도시했지만, 지금은 원을 쓰는 부채꼴 표시가 일반적이다. 이 열두 하우스를 좌표로 하여 탄생 시각의 12궁, 태양, 달, 여러 행성의 위치를 기입하면 호로스코프가 완성된다.

다음에는 이 호로스코프를 바탕으로 하여 개인의 운세를 판단하는데, 실은 각 궁, 하우스, 천체가 각각 어떤 특성을 가지고 있느냐, 인체나 운명의 어떤 국면에 어떻게 영향을 미치느냐 하는 것은 점성술의 체제 속에 아주 세밀하고 정밀하게 결정되어 있다. 그러므로 어느 궁, 어느 하우스, 어느 행성이 그 사람에게 가장 큰 영향력을 갖는지 알면 그 사람의 운명은, 말하자면 수학 공식의 응용문제와 같아 결론은 절로 나오게 된다.

그렇지만 가장 강한 지배력을 갖는 것이 무엇인가를 결정하는 일은 의외로 복잡하고 어렵다. 그것은 각 궁, 하우스, 여러 천체도 서로 영향을 미치며, 때로는 다른 것의 영향력을 강하게 하거나, 약화시키거나, 상쇄해버리는 일이 있기 때문이다. 또 점성술사 중에서도 태양을 중시하는 사람, 달을 중시하는 사람, 금성을 중시하는 사람 등등 갖가지 유파가 있어서 각각 다른 견해에 입각해서 독특한 해석을 하고 있다. 이 판단이 점성술에서 가장 어려운 점인데, 동시에 점성술사들의 솜씨이기도 하다. 물론 해석 방법에 따라 점의 결과는 크게 달라진다.

신문이나 잡지의 운세란에서 사용하고 있는 점성술은, 탄생했을 때 태양이 12궁의 어디에 있었는냐로만 결론을 내는 것이며, 이것에 따르면 한 달 동안에 태어난 남녀는 모두 같은 성격을 가지며, 같은 운명을 갖게 된다는 엉터리가 된다. 전문가를 자처하는 점성술사는 이런 것을 페이퍼 점성술로 치부해 경멸한다.

85. 노스트라다무스의 대예언이란 어떤 것인가?

역사상 가장 유명한 점성술사는 프랑스의 노스트라다무스

(1503~1566)일 것이다. 본명은 미셸 드 노스트르담이다. 처음에는 의사로서 명성을 떨쳤는데 1547년경부터 예언을 시작하여 1555년에 『쌍뛰리(예언집)』라는 책을 출판했다. 이것은 4행시(四行詩) 100개를 배열하여 1쌍뛰리(쌍뛰리는 centurie 즉, 100을 뜻함)로 하고, 12쌍뛰리를 모은 것으로, 각각 하나 또는 그 이상의 예언을 포함한다. 당시는 점성술의 전성시대였으므로 이 책은 크게 환영을 받아 3년 후에는 재판을 냈을 정도여서 이후 많은 언어로 번역되어 거듭 간행되었다.

후세에 『쌍뛰리』의 주석을 쓴 사람들은 예언 중 어떤 것은 역사상 정말로 실현되었으며, 나머지 것도 언젠가 장래에 실현될 것이라고 말한다. 이미 실현되었다고 하는 예언의 예를 둘만 들어보자. 제5쌍뛰리 33번째의 4행시에 이렇게 나와 있다.

시 당국자는 반란을 일으켜
자유를 수호한다는 구실 아래
울부짖는 사이에, 나이도 성별도 가리지 않고 사람들을 학살하리라.
낭트는 가장 가공할 광경을 나타내리라.

이것은 프랑스 혁명이 한창일 때, 낭트에서 왕당파가 반란을 일으켜 혁명파가 대량 학살로 진압한 사건을 예언한 것이라고 한다. 제2쌍뛰리 41번째 4행시에 이렇게 나와 있다.

큰 별이 이레 동안에 걸쳐 빛나리라.
구름에서 두 개의 태양이 나타나리라.
대사교가 땅을 바꿀 적에
큰 개가 하룻밤 내내 짖어대리라.

1947년에 발표된 해석에 따르면, 큰 별이란 이탈리아의 무솔리니, 이레 동안 빛나리란 7년간 승리한다는 운수, 두 개의 태양은 히틀러와 무솔리니, 큰 개는 무솔리니, 대사교는 미국의 루즈벨트, 땅을 바꾼다는 것은 연합군의 아프리카 상륙작전을 말한다고 한다.

이렇듯이 『쌍뛰리』의 어느 예언도 다 애매하고 뜻을 알 수 없는 것들로서 예언에 절대 필요한 날짜와 시간, 장소를 지정하고 있지 않다. 그 속에 나오는 여러 말도 어떻게라도 해석될 수 있는 것들이다. 그러므로 노스트라다무스이 지지자나 주석자는 저마다 멋대로 뜻을 가져다 붙여 예언이 실현되었다고 하는데 불과하다. 더구나 이런 종류의 예언은 이미 일어난 사건에 대해 예언이 실현되었다고 억지 부릴 수는 있어도, 아직 일어나지 않은 사건에 대해서는 분명한 것을 말할 수는 없고, 따라서 예언으로서의 구실을 못하는 것이 치명적인 결함이다.

86. 새 행성의 발견에 점성술은 어떻게 대처했는가?

1781년 영국의 허셜이 천왕성을 발견했을 때, 점성술사들의 놀라움은 대단했다. 처음에 점성술사들은 새 행성은 그 때까지 천문학자도 몰랐을 만큼 사소한 존재였으므로 점성술적인 영향은 무시해도 된다고 간단히 처리하려 했다. 그런데 연구가 진행되자 천왕성은 지름의 지구의 4배나 되는 큰 행성이라는 것을 알게 되었다.

그렇게 되자 천문학에서는 물론, 점성술에서도 천왕성의 존재를 무시할 수 없었다. 그런데 점성술은 기원 2세기에 성립된 프톨레마이오스의 지구중심설을 토대로 해서 정밀하게 조립된 것이다. 태양과 달, 다섯 행성이 주요 멤버인데, 이 다섯 내지 해, 달을 더한 7이라는 숫자는 점성술상 신비적인 뜻이 주어졌다(동양에서도 오행설은 오행성과 깊은 연유를 갖고 있었다. 9장-94 참조). 천왕성의 출현은 단지 5가 6이 되었다는 것에 그치는 일이 아니었다.

점성술은 천왕성을 어떻게 해석하고 어떻게 체계 속에 넣었는가? 19세기의 영국 점성술사로 라파엘이라는 필명을 가지고 많은 책을 쓴 R. C. 스미스는 그 때까지의 점성술 체계는 모두 천왕성의 존재를 모르고 세워진 것이므로 근본적으로 틀렸다고 단언하고, 새 점성술의 이론 체계를 수립했다.

그러나 대부분의 점성술사들은 그렇게 혁명적으로 나갈 용기가 없었다. 그럭저럭 하는 동안에 1846년에 7번째의 행성 해왕성이, 1930년에 8번째의 행성인 명왕성이 발견되었다. 이렇게 되자 점성술사들도 겨우 진정되어 새 사실을 수용할 교묘한 설명을 생각해 냈다.

이에 따르면 이들 새 행성이 나타난 것은 그 때까지의 인류역사에 일찍이 없었던 새로운 대중의식과 두드러진 사건이 생겼기 때문이라고 했다.

즉 천왕성은 기계, 기술의 보호자이며, 산업혁명의 진전과 더불어 발견되었다. 해왕성은 19세기 중엽에 민중의 사회의식의 각성과 카를 마르크스의 이론과 수반해서 나타났다. 명왕성은 20세기 전반에 일어난 두 세계대전과 깊은 관련이 있다. 즉 역사상 일찍이 없던 상황에서는 새로운 것이 나타나도 이상할 것이 없다는 논리이었다.

이렇게 해서 점성술은 천왕성, 해왕성, 명왕성을 어떻게든 체계 속에 수용할 수 있었지만, 그들이 각각 어떤 속성을 가지며, 신체나 인사의 어떤 국면을 지배하는가에 대해서는 점성술사에 따라 의견이 상당히 분분하다.

출현의 경위로 봐서 천왕성은 발견자, 발명자, 실험실, 화로 등을 지배하고, 해왕성은 신비가, 해몽가, 예언자, 영매(靈媒) 등을 지배한다는 설이 유력하지만, 명왕성에 이르러서는 아직 충분한 견해가 굳혀지지 못한 것 같다.

87. 행성직렬로 무엇이 일어났는가?

1982년에는 행성직렬이 일어났다. 그러므로 그 때 지구에는 큰 이변이 일어날 것이라고 예언, 경고하는 사람들이 있었다.

행성 「직렬」이란 다소 과장된 표현으로 모든 행성이 지구에서 보아 꼭 한 줄로 쭉 늘어서는 것은 아니다. 그런 일은 불가능하다. 다만 이것은 지구에서 보아 태양과 달(이것은 점성술에서는 지구 주위를 도는 행성의 무리다)과 다섯 행성이 천공에서 꽤 좁은 범위에 모여든다는 것이다.

행성직렬일 때, 지구상에서 큰 이변이 일어난다는 경고는 역사상 되풀이되어 왔다. 그러나 그 경고가 실현된 적은 한 번도 없었다.

오래된 일로는 1186년 9월 15일에 일곱 천체가 천칭자리에 모였다. 점성술사들은 이 날에 대지진, 소란, 혁명, 파괴, 죽음이 일어나리라고 예언했다. 전 유럽이 공포에 가득 찼고, 사람들은 이변을 피하려고 땅굴을 팠다. 캔터베리 대주교는 단식과 참회를 명령했고, 비잔티움 제국에서는 황제가 궁전의 모든 창문을 밀봉했다. 그러나 아무 일도 일어나지 않았다.

1524년 2월 25일에 일어난 행성직렬 때는 점성술의 전성기였으므로 소동은 더 컸다. 이 때 일곱 행성은 물고기자리와 물병자리에 모일 것이라 하여 독일의 점성술사 요하네스 슈테프러는 직렬로 되는 날, 대홍수가 일어나 그 해 말까지 전 세계가 파괴되리라고 예언했다.

그날이 다가옴에 따라 사람들의 불안은 커갔다. 독일의 해안 지방 주민은 땅을 헐값으로 팔아버리고 피난했다. 툴 루즈의 의사 올리오르는 가족과 친구를 수용할 커다란 방주를 만들었다. 피난용으로 외국 선박의 선실을 예약한 사람도 있었다. 브란덴부르크 선제후(選帝侯)는 가까운 언덕 위로 궁전 전체를 옮겼다. 집단 히스테리가 높아짐에 따라 미쳐서 자살하는 사람도 많았다.

그러나 공포의 2월 25일은 아무 탈도 없이 지나갔다. 대홍수는커녕 한 달 동안 이상할 만큼 가물었다. 점성술사들에게 분노에 찬 항의가 쇄도했다. 그러자 그 후 이 해에는 이상하게 비가 많았다. 몇몇 지역에서는 보통 규모의 홍수가 일어났다. 점성술사들은 이것을 그나마 변명으로 삼을 수 있었는데, 수십 년이 지난 후 메란히튼이라는 자는 뻔뻔스럽도 "그 예언은 맞았었다"라고까지 했다.

1962년 2월 5일에는 행성직렬과 일식이 겹쳤다. 인도에서는 민중의 공포가 너무 커져서 네루 사상까지 "그 따위 예언에 현혹되지 말라. 우리들의 운명은 우리들이 결정하는 것이다"라고 성명을 내야 할 정도였다. 그러나 영국의 점성술사가 이 해에 영국 정부가 전복될 것이라고 예언한 것을 제외하고는 서구 점성술사들은 일체 떠들기를 삼갔다. 역시 아무 일도 일어나지

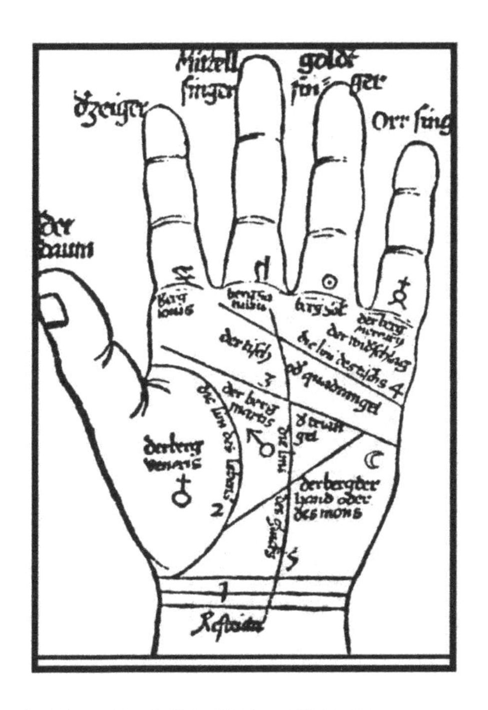

〈그림 8-3〉 수상술 책의 그림(1945)

않았기 때문에 이것은 퍽 현명한 조치였다.

88. 수상술이란 어떤 것인가?

수상술(手相術), 즉 손금을 보는 법은 인도에서 시작되어 이집트, 그리스를 거쳐 유럽에 전해지고, 한편으로는 중국에 전해져서 각각 독자적인 발달을 이루었다고 한다.

과학을 위장한 점술 중에서 점성술이 정상 자리를 차지한다면, 수상은 제2위를 차지할 자격이 있다. 그 기본 원리는 점성술과 마찬가지로

"대우주는 소우주를 지배하고, 소우주는 대우주를 반영한다"

는 것이다. 즉 하늘의 여러 천체가 인체의 여러 기관을 지배하듯이 손은 사람의 머리 속에 존재하는 지적 소우주를 반영한다. 그러므로 손을 살펴봄으로써 그 사람의 성격과 운명을 알 수 있다는 것이다.

수상술사들은 고대의 권위를 인용해서 기술의 정당성을 증명하려 한다. 성서에는 수상에 관해 몇 군데 나와 있다. 이를테면 욥기 제37장에 "그가 각 사람의 손을 봉하시나니 이는 그 지으신 모든 사람으로 그것을 알게 하려 하심이니라"했고, 또 잠언 제3장에는 "그 우편 손에는 장수가 있고, 그 좌편 손에는 부귀가 있나니"라고 씌어 있다. 또 고대 최대의 철학자 아리스토텔레스는 수상에 관해서 많은 것을 썼는데 이를테면 "천체와 세계의 원인에 대해서"에서

"사람의 손금은 까닭 없이 새겨져 있는 것이 아니다. 무엇보다도 하늘의 영향력에 유래했으며 한 사람 한 사람이 분명히 다르다"

고 말했다.

그런데 수상술이 유럽에서 가장 성행하게 된 것은 점성술이나 연금술 등 모든 미신이 크게 유행한 16, 7세기였다. 수상술의 근본적인 사고 방법과 손의 어떤 특징을 중시하는가는 시대에 따라 사람에 따라 상당히 다르다. 처음 수상술은 전적으로 점성술을 기초로 해서 이룩되었다. 개인의 성격이나 운명이 별에 의해 영향될 뿐 아니라 그것을 판독하는 실마리가 되는 수상까지 별에 의해 결정된다고 생각했다.

그러나 지금은 대부분의 수상술사는 점성술적인 영향이 손금

에 나타난다는 견해를 완전히 부인하고 있다. 과연 손바닥의 융기 즉 언덕은 지금도 다섯 행성의 이름을 따서 부르지만, 이것은 점성술적으로 관련시키는 것이 아니라 옛날부터 그렇게 쓰여 왔기 때문일 따름이라고 한다.

수상술사들이 중시하는 손금은 생명선, 두뇌선, 심장선(감정선) 등의 선, 언덕이라고 불리는 손가락과 손바닥이 이어지는 융기, 손가락과 각 마디, 손바닥의 딱딱함과 부드러움, 손 전체의 형태와 크기 등이다(그림 8-3).

이들 각각에 일정한 뜻이 붙여져 있고 수상술사는 그것에 의해 성격을 판단하여 미래를 점친다.

89. 골상학은 언제부터 번성했는가?

아리스토텔레스 등 고대 철학자는 감정과 정서는 심장이 관장한다고 생각했으나 시대가 진보됨에 따라 마음의 작용은 모두 대뇌가 맡고 있다는 것이 밝혀졌다.

오스트리아의 의사 프란츠 조셉 갈(1758~1828)은 뇌의 여러 곳이 손상을 입으면 장소에 따라 결정되는 특유한 심적 기능에 장애가 생긴다는 사실에서, 대뇌 표면의 각 부분은 저마다 다른 심적 기능을 담당한다고 생각했다.

따라서 대뇌의 어느 부분이 특히 발달하면 그 사람은 그에 대응하는 심적 기능이 특히 뛰어날 것이다. 대뇌의 어느 부분이 크게 발달하면 그것을 감사는 두개골의 그 부분도 특히 크게 돌출될 것이다. 그러므로 두개골의 형태를 조사하면 그 사람은 어떤 심적 기능이 발달했는지를 알 수 있고, 성격이나 적성, 궁합, 종교적 태도나 범죄를 일으키기 쉬운지 아닌지까지도

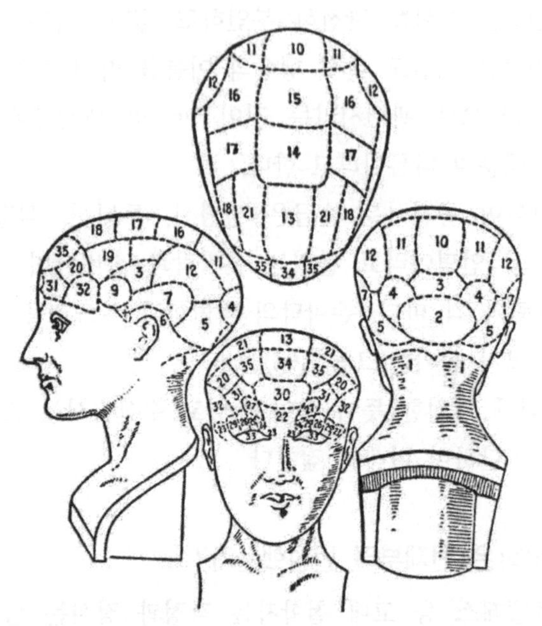

〈그림 8-4〉 골상학에서는 두 개를 이렇게 구별한다(각 부분과 관련되는 성격은 아래 표와 같다)

정적		지적	
Ⅰ 성벽	Ⅱ 정조	Ⅰ 지각적	Ⅱ 숙고적
1. 호색	10. 자존심	22. 개별성	34. 비교
2. 자식을 귀여워함	11. 자부심	23. 형	35. 인과성
3. 집중성	12. 조심성이 많음	24. 크기	
4. 집착성	13. 자비심	25. 무게	
5. 싸우기를 좋아함	14. 존경심	26. 색	
6. 파괴적	15. 의지	27. 위치	
먹기를 좋아함	16. 성실	28. 수	
7. 말수가 적음	17. 희망	29. 순서	
8. 욕심이 많음	18. 경의	30. 가능성	
9. 건설적	19. 이상 불안정	31. 시간	
	20. 기지 또는 명랑	32. 시간	
	21. 모방	33. 언어	

판단할 수 있을 것이라 생각했다.

갈은 이와 같은 견해를 바탕으로 하여 1796년에 두개골 표면을 27개 부분으로 구분하고 각각 관장하는 심적 특성을 기술했다. 이것이 골상학의 시작이다.

공동연구자인 독일의 요한 가스파르 슈푸르츠하임(1776~1832)은 더욱 연구를 추진해서 체계를 정비하고 두개골 표면을 35개의 부분으로 구분했다.

그러나 오스트리아 정부는 이 설은 인간의 운명이 미리 정해져 있다는 것을 시사하는 위험 사상이라고 하여, 1802년에 오스트리아에서 이 설을 강의하지 못하게 금지했다.

그리하여 두 사람은, 유럽 각지를 여행하며 그들의 주장을 설명하고 다니다가, 갈은 파리에 정착했고, 슈푸르츠하임은 영국, 미국을 유세했다. 영국에서는 에든버러의 조지 콤, 미국에서는 O. S. 파울러가 이 설을 지지해서 더욱 추진시켜 골상학은 전 세계에 퍼졌다(그림 8-4).

그러나 날치기인 자칭 골상학자와 이것을 이용하여 한 밑천 잡아보겠다는 사기꾼들이 많이 생기게 되었다.

그들은 각지를 돌아다니며 사람들을 모아놓고 두개골의 표본을 내보이며 거드름을 피워가면서 강의하여 청중들을 현혹시켰다. 또 희망자의 머리를 조사하여 성격 지도를 만들고 직업의 적성, 남녀의 궁합 등에 대해 상담해주었다.

골상학은 매우 인기를 끌었고, 특히 1840년에서 1850년에 걸쳐 유행이 절정에 달했다. 그러나 그 후 대중의 흥미가 갑자기 식어 골상학은 쇠퇴일로를 걸었다.

오늘날에는 골상학의 과학적 근거가 없다고 말한다.

90. 점막대는 지하수를 찾아냈는가?

점막대는 서양의 독특한 미신으로 역사가 매우 오래되었고, 또 유럽과 미국에서 널리 알려져 지금도 믿어지고 있다.

끝이 크게 두 가닥으로 갈라진 길이 70~80cm의 나뭇가지를 사용한다(그림 8-5). 재료는 사과나무, 버드나무, 개암나무, 나왕 등을 쓴다. 새로운 방법으로는 Y자 모양의 금속막대를 쓰거나, 실로 매어진 진자를 쓰는 일도 있다.

점막대의 가장 흔한 이용법은 지하수가 있는 곳을 찾아내는 일이다(그림 8-6). 점쟁이는 점막대의 갈라진 두 가지 끝을 양손에 잡고, 뿌리 쪽을 앞으로 하여 수평보다 약간 위로 들고 잡는다. 이 자세로 걸어가다가 지하 수맥 위를 통과하게 되면 나뭇가지가 손 안에서 뱅글 돌고 뿌리 쪽이 아래를 향하여 물의 존재를 가리킨다. 그곳을 파면 반드시 지하수가 나오고 좋은 우물이 생긴다는 것이다. 미국의 시골 같은 데서는 70~80년 전까지만 해도 우물을 팔 때는 점막대로 점을 치는 전문가를 초빙해서 장소를 점지 받았다고 한다.

점막대는 기원전에 로마에서도 쓰였고, 더 오래 전부터 쓰였다는 증거도 있다. 그러나 많이 쓰이기 시작한 것은 중세 이후인데 그 무렵에는 지하수 외에 광맥, 숨겨진 보물, 시체, 범인의 수색에까지 이용되었다고 한다.

점막대에 관한 가장 중요한 기록은, 신부 드 바르몽이 1696년에 쓴 『신비 물리학』이라는 책에 실려 있는 사건인데, 1692년에 리옹에 사는 주막집 부부가 술창고에서 피살되고, 가지고 있던 돈을 털렸다. 드피네에 사는 부유한 농민 자끄 에이마르가 전부터 점막대를 써서 도적이나 살인자의 행방을 찾아낼 수

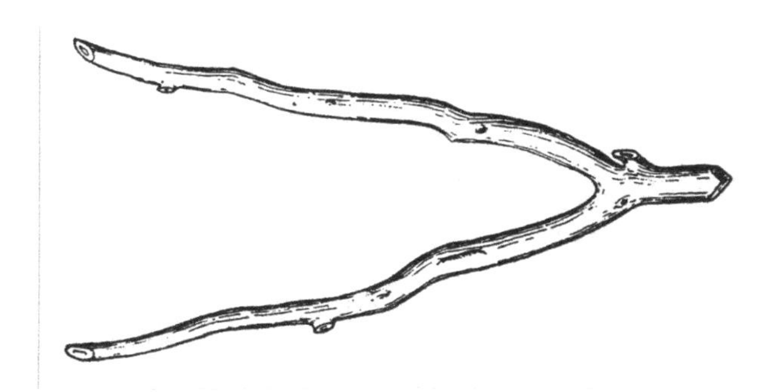

〈그림 8-5〉 버드나무가지로 만든 점막대

〈그림 8-6〉 점막대를 써서 석탄이나 광석을 찾는 모습. 아그리크라의 광산학책 [데 레 메타리카](1556) 삽화

있다고 장담하였으므로 재판소는 그에게 수색을 의뢰했다.

에이마르는 기꺼이 승낙하고 점막대를 가지고 사건이 일어난 술 창고를 출발점으로 해서 범인 추적에 나섰다. 결국 강과 육로를 150마일이나 여행한 끝에 랑그도크 형무소에 있던 좀도둑을 살인범이라고 단언했다. 좀도둑은 부인했지만, 리용으로 압송되어 고문을 당하자 결국은 범행을 자백하여 처형되었다.

이 공로로 에이마르의 점이 큰 소문이 났다. 나중에 콩데 공작의 궁전에 불리어 솜씨를 자랑하다가 잘 들어맞지 않자 질책과 힐문을 당하고는 자기가 한 일이 모두 엉터리라고 자백했다. 이 후일담은 『신비 물리학』에는 실려 있지 않다.

그러나 이런 일이 있은 후에도 점막대에 대한 대중의 신앙은 흔들리지 않았다. 1차 대전 중에 영국군이 팔레스타인을 통과하여 예루살렘으로 진격했을 때 점쟁이를 고용해서 수원(水源)을 찾게 하여 성공했다는 기록도 있다.

1917년이 되어 미국 지질 측량부가 점막대의 역사와 현황을 체계적으로 조사해서 과학적인 근거가 없으며 신용할 수 없다는 결론을 내렸다.

91. 마녀는 왜 교회의 박해를 받았는가?

초자연적인 마력이 자연현상이나 인간만사를 지배한다는 신앙은 모든 민족의 원시종교에서 볼 수 있다. 마력의 근원은 신이나 악마인데, 그 힘을 이용해서 비와 번개를 일으키거나, 사람에게 행운이나 불행을 불러들이거나, 병을 고친다. 반대로 병에 걸리게 하거나 계시를 듣거나 미래를 점치며, 기도나 주문으로 신의 노여움을 푸는 따위의 신과 사람 사이를 중매하는 일도 극히 중요했다. 그런 힘을 가진 남녀는 사람들로부터 매우 존경받으면서도 두려움의 대상이 되었다. 마녀는 그런 특수능력을 가진 인물(반드시 여자만이 아니었고)로, 특히 그리스도교 이전의 게르만 민족 사이에서 널리 믿어졌다.

유럽에 그리스도교가 퍼지자 교회는 당연히 마녀 신앙은 그리스도의 가르침에 맞지 않다고 배격했는데, 직업적 마녀는 엄중히 벌해도 민간신앙 측면에서는 비교적 관대했다.

그런데 12세기에서 15세기에 걸쳐 교회의 태도가 급격하게 변해갔다. 12세기에서 13세기에 걸쳐 남프랑스를 중심으로 한 아르비파, 발도파에 의한 대규모의 교회 개혁 운동이 일어나 로마 교황청의 기틀을 뒤흔들었다. 교황청은 군대를 파견하여 참혹하게 진압했다. 한편 1233년에 교황 그레고리우스 9세는 이단 심문 제도를 창설하여 심문관을 임명하고, 이단자의 적발, 재판과 처형을 맡게 했다.

처음에는 마녀는 이단 속에 넣지 않았다. 그러나 점점 처형된 이단자 속에 마녀로서 고발되는 자가 섞였다. 1318년 교황 요하네스 22세는 교서를 발표하여 마녀를 이단 심문의 대상으로 포함시킨다고 공식으로 선언했다.

세대가 지남에 따라 사람들은 더욱 미신에 깊이 빠져들고(점성술이니 연금술도 병행해서 유행했다) 그와 더불어 마녀의 존재를 의심하지 않게 되어 그 초자연적인 힘에 대한 공포가 더욱 증대하였다. 한편 성직자의 부패와 타락 때문에 교회 조직이 더욱 취약해졌고 민중의 반항도 한층 거세졌다. 이런 정세 아래에서 위기감에 몰린 카톨릭 교회는 교회의 권위를 높이고 민중에 대한 위압을 늘이기 위해 본보기를 보인다는 뜻도 겸하여 이단, 특히 마녀에 대한 탄압을 엄격히 하게 되었다.

1484년 독일의 도미니코 수도회의 두 설교사 하인리히 크레이머와 스프렌거는 교황 인노첸시오 8세에게 권고하여

"사람들에게 재앙을 주는 마녀를 이단 심문관이 모든 방법을 다하여 교정하고, 투옥하고, 처벌하도록"

명령하는 교서를 내게 했다. 그리고 두 사람은 2년 후에『마녀의 망치』라는 책을 출판하여 마녀의 존재와 이단성을 입증하고, 마녀가 쓰는 요술과 그 방지법을 설명하여 마녀재판에서의 증인, 투옥, 체포, 변호, 고문, 심문, 판결 등의 절차에 관한 상세한 지시를 주었다. 이 책을 마녀재판을 위한 편리한 참고서라고 해서 1669년까지 29판을 거듭할 만큼 많이 발행되었다.

92. 마녀재판에서는 어떤 일이 있었는가?

이 1484년의 교황 교서와『마녀의 망치』를 출발점으로 해서 유럽 전체에서 집단발광이라고 밖에 말할 수 없는 터무니없는 마녀사냥 즉, 마녀재판이 시작되었다.

마녀는「그리스도의 적인 악마와 계약을 맺고, 그 부하가 되어 그 보상으로 악마의 마력을 얻어 초자연적인 요술을 할 수 있다」고 하였고, 따라서 마녀는「이단 중의 하나」가 아닌「이단자 중의 극악자」가 되어, 이것을 찾아내어 죽이는 것은 신앙이 깊은 그리스도교도의 의무라고 했다.

고발된 마녀의 주된 행위는 악마에게 배운 마술과 주문으로 인축에게 해를 가하고, 갓난아기를 죽이며, 젖 부족, 병약, 중병에 걸리게 하는 등 인류를 괴롭히는 것이었다. 또는 밤에 마

〈그림 8-7〉 마녀 고문

〈그림 8-8〉 잉글랜드에서 집행된 마녀의 교수형

녀의 집합에 나가 연회에 참가했다거나, 악마와 성교를 했다는 따위였다. 그러므로 전염병의 유행도 마녀의 소행이라 하였고, 소작인이 지주에게 반항하기 위해 몰래 개최한 집회도 마녀의 연회로 몰렸다. 더욱 한심한 것은 자기나 가족에게 무슨 좋지 못한 일이 일어나면 근처에 있는 마녀의 소행이라고 생각하고, 사이가 나쁜 이웃이나 근처에 사는 싫어하는 노파 등을 마녀로 몰아 고발하는 일이었다. 따라서 누구든지 마녀로 몰릴 위험성이 있었다.

마녀라는 증거로는 몸에 유별난 반점이 있어서 침을 꽂아도 아픔을 느끼지 않는다거나, 포박해서 물에 던져도 가라앉지 않는다거나 몇 가지 판별법이 있었지만, 가장 중요한 것은 본인의 자백이었다. 그래서 마녀로 고발을 당한 사람이 자기가 마녀라고 인정하지 않을 때는 차마 볼 수 없는 참혹한 고문을 당하는 것이 예사였다. 그 무렵의 과학과 기술을 총동원하여 갖은 교묘한 고문 연장이 고안되어 사용되었다. 심한 고문을 당하면 누구도 자기가 마녀라고 인정하지 않을 수가 없었다. 인정할 때까지 고문을 점점 더 가혹하게 가해졌기 때문이다(그림 8-7).

마녀임을 자백하면 반드시 사형되었다. 사형 이외의 처벌은 없었다. 사형은 화형이 원칙이었는데, 산채로 화형 하는 것과, 교수한 후 시체를 불태우는 것 두 종류가 있었다(그림 8-8).

처형된 마녀의 재산은 심문관이 몰수했다. 이 때문에 마녀재판은 돈벌이가 좋은 직업이 되었고, 후세에 종교재판 자체가 타락되자 재산 몰수를 위해 자산가를 노려 마녀고발을 하는 지독한 사태가 생겼다.

마녀에 대한 태도는 신교도와 구교도 모두 다를 바가 없었다. 유명한 학자들도 모두 마녀의 존재를 믿고 참혹한 마녀재판에 이의를 제기하는 사람이 거의 없었다. 누구라 할 것 없이 모두가 미신의 집단 광기에 빠져 있었다. 마지막 마녀재판은 각 나라마다 미국 1693년, 잉글랜드 1722년, 프랑스 1745년, 독일 1775년, 에스파냐 1781년, 폴란드 1793년에 실시되었다고 한다. 그동안 죽은 소위 마녀의 수는 30만 명이라고도 하고 수백만 명이라고도 한다.

9. 미신의 기원
—어째서 믿게 되었을까?

해학적인 지옥도

93. 십간십이지는 무엇을 뜻하는가?

동양이건 서양이건 옛날에는 달이 차고 기우는 주기에 의해 한 달을 정했다. 중국에서는 그 한 달을 열흘씩 셋으로 나누어 이것을 순(旬)이라고 했다(마지막 순은 9일일 때도 있다). 그리고 1순 중 열흘을 차례로 〈표 9-1〉처럼 글자로 나타내기로 했

〈표 9-1〉

갑(甲)	을(乙)	병(丙)	정(丁)
무(戊)	기(己)	경(庚)	신(辛)
임(壬)	계(癸)		

다. 즉 갑은 첫날, 을은 이틀째……계는 열흘째라는 뜻이다. 이것을 십간(十干)이라고 한다. 십간이 성립된 것은 기원전 1,100년보다 전에 번창했던 은(殷)왕조 때 아니면 그보다 이전의 일이다.

조금 늦게 같은 은왕조에서 십이지(十二支)도 정해졌다. 이것은 1년 열두 달을 〈표 9-2〉처럼 글자로 나타낸 것이다. 즉 자는 1월, 축은 2월……해는 12월을 가리킨다.

〈표 9-2〉

자(子)	축(丑)	인(寅)	묘(卯)
진(辰)	사(巳)	오(午)	미(未)
신(申)	유(酉)	술(戌)	해(亥)

이와 같이 십간십이지가 정해진 뒤에는 순을 초(初: 1~10일까지), 중(仲: 11~20일까지), 계(季: 21일 이후)라 하고, 이를테면 정월 15일은 「자의 충돌」, 5월 27일은 「진의 계경」이라는 식으로 나타냈던 것 같다. 그러나 이윽고 십간과 십이지를 하

나씩 짝 맞추어 날짜를 통산하는 방법이 취해지게 되었다. 즉 양쪽의 첫 번째를 취해서 갑자에 시작하여 〈표 9-3〉이라는 식

〈표 9-3〉

1 갑자(甲子)	2 을축(乙丑)	3 병인(丙寅)	4 정묘(丁卯)
5 무진(戊辰)	6 기사(己巳)	7 경오(庚午)	8 신미(辛未)
9 임신(壬申)	10 계유(癸酉)	11 갑술(甲戌)	12 을해(乙亥)

으로 짝을 맞추어간다. 이것에 의해 60종류의 조합이 된다. 60번째의 조합인 계해(癸亥)로 모두 끝나면 다시 처음의 갑자로 돌아가게 된다.

이 셈법은 해(年)를 나타내는 데도 쓰이게 되었다. 이것을 간지기년법(干支紀年法)이라고 한다. 한국과 같이 연호가 빈번하게 갈리는 경우에는 이 기년법에 의해 해를 통산하면 매우 편리해서 대한제국 말 때까지는 간지와 연호가 병용되었다.

이렇게 하여 십간십이지는 본래 역(曆)을 위한 기수법(記數法)이었고 그 이상의 뜻은 없었다. 그 후 글자의 뜻을 좇아 동물의 이름을 적용하여 〈표 9-4〉라 뜻이 새겨지고 무슨 띠, 무슨

〈표 9-4〉

자(쥐)	축(소)	인(호랑이)	묘(토끼)
진(용)	사(뱀)	오(말)	미(염소)
신(원숭이)	유(닭)	술(개)	해(돼지)

띠라 불리게 되었다. 이것은 중국의 후한시대(기원 1~3세기)에 십이지가 한국에 전해졌을 때부터 시작된다. 그리하여 이것이 이웃 나라 일본으로 전해졌다.

94. 오행설은 미신의 근본인가?

십간십이지가 성립된 은왕조에서 1,000년쯤 지난 전국시대(기원전 4세기)가 되자 오행설(五行說)이 전개되었다.

오행설의 근원은 더 오래 되고, 더 단순했던 것 같다. 원래 중국인은 5라는 수를 기본적인 수로 매우 중시했다. 예를 들면 오미(五味)로는 시큼하고(酸), 쓰고(苦), 달고(甘), 맵고(辛), 짠(鹹) 것을, 오색(五色)으로는 청, 적, 황, 백, 흑을, 오장으로는 간장, 심장, 비장, 폐, 신장을, 오감(五感)으로는 청각(聽), 시각(視), 촉각(觸), 후각(嗅) 등이다.

오행설도 처음 목, 화, 수, 토, 금의 다섯이 인생사에 절대적으로 필요한 것이라는 정도의 견해였었다. 그런데 전국시대가 되자 하늘에 다섯 행성이 있다는 것이 알려졌다. 또한 오행이 이것과 관련되어 천지간 모든 것은 모두 목, 화, 토, 금, 수의 다섯 성질에 바탕을 두고 형성되며, 다섯의 성쇠, 순환에 따라 모든 현상이 일어난다는 거창한 이론 체계가 성립되었다.

그 기본 원리가 되는 것이 상생설(相生說)과 상극설(相剋說) 또는 상승설(常勝說)이다. 오행이 갖는 성질로서 화는 화염(불길), 적색, 연소(燒)이고, 수는 냉(冷), 흑색, 유하(流下: 흘러내림)를, 목은 수목, 성장, 청색, 흡수(吸水)를, 금은 철, 냉, 백색, 절단, 경강(硬鋼), 용해(熔解)를, 토는 토지, 황색, 재물(載物: 물체를 얹음), 방수(防水) 등을 들고, 상생설은 그들 상호 간에 다른 것을 낳는 성격만을 논한 것이다.

목은 금을 낳고, 화는 토를 낳고, 토는 금을 낳고, 금은 수를 낳는다. 이것을 차례로 설명하면, 나무를 태우면 불이 되고, 불이 탄 뒤에는 재가 남으며, 광석에서 철이 얻어지고, 철을 녹이

〈표 9-5〉

은(殷) - 금
주(周) - 화
진(秦) - 수
한(漢) - 토

면 유동체가 된다는 식이다.

상극설은 상생설의 경우와 전혀 다른 성질을 골라, 5행 상호 간에서 다른 것에 이겨내는 차례를 정한 것이다.

수는 화에 이기고, 화는 금에 이기며, 금은 목에 이기고, 목은 토에 이기며, 토는 수에 이긴다. 이것을 차례로 설명하면, 물은 불을 끌 수 있다. 불은 쇠를 녹일 수 있다. 쇠로 만든 도끼는 나무를 쓰러뜨린다. 나무는 흙에서 수분을 빨아올린다. 흙으로 제방을 쌓으면 강의 범람을 막을 수 있다. 나중에 이것들은 서로 충돌한다고도 해석하게 되었다.

상생설이건 상극설이건 도무지 억지 같고 뜻을 새기기 어려운 얘기들이지만 중국인은 이것을 곧이 곧대로 믿었다. 고대 중국의 흥망역사에 마저 〈표 9-5〉로 생각하여 각각 상극관계에 의해 앞 나라를 멸망시키고 다음 나라가 일어났다고 한다. 한(漢)나라 고조(高祖)가 이 신앙에 바탕을 두고 의관과 기치를 모두 토의 색인 노랑으로 고치게 한 이야기는 유명하다.

다음에 얘기하는 것 같이 천지 간의 모든 현상을 설사 무리가 있더라도 억지로 목화토금수의 오행으로 배분하고, 다음에 상생 또는 상극설로서 상호 관계가 변천을 해석하였다. 해(年)나 날짜(日), 방향의 길흉, 궁합, 액년 기타 미신의 대부분은 여기에서 출발했다고 해도 지나친 말이 아니다.

〈표 9-6〉

갑 - 목의 양	을 - 목의 음
병 - 화의 양	정 - 화의 음
무 - 토의 양	기 - 토의 음
경 - 금의 양	신 - 금의 음
임 - 수의 양	계 - 수의 음

95. 토용은 춘하추동에도 각각 있는가?

인간사의 길흉을 오행설의 상생과 상극에 의해 판단하기 위해서는 시간과 공간을 오행으로 배분해야 한다.

십간을 오행으로 배분하는 것은 간단했다. 10은 5로 나누어지기 때문이다. 목화토금수의 상생 순서를 양과 음에 조합시키면 잘 들어맞는다(표 9-6).

다음에는 춘하추동의 네 철을 오행으로 배분하게 되는데, 4는 5로 나누어지지 못하므로 까다롭다. 여러 가지 방법이 생각되었지만 결국 네 철을 각각 5등분해서 춘하추동의 앞 5분의 4는 목화금수로 하고, 네 철의 각각 마지막에 남는 5분의 1을 토에 충당하기로 했다(그림 9-1). 즉 1년을 360일로 하면, 춘하추동의 각각 처음 72일이 목화금수에 배당되고, 춘하추동의 각각의 마지막 18일이 토가 되며, 토는 18이 네 번 있으므로 결국 같은 72일이 된다. 이 18일간은 토가 왕 노릇을 하여 일을 하므로 토왕용사(土王用事)라고 하고 줄여서 토용(土用)이라고 하게 되었다. 토용이라면 보통 여름의 토용을 가리키고 축(丑)날에 뱀장어를 먹는 습관이 알려져 있지만, 실은 네 철에 다 있다. 오행을 네 철로 쪼개야 하는 고심 끝에 생겨난 것이다.

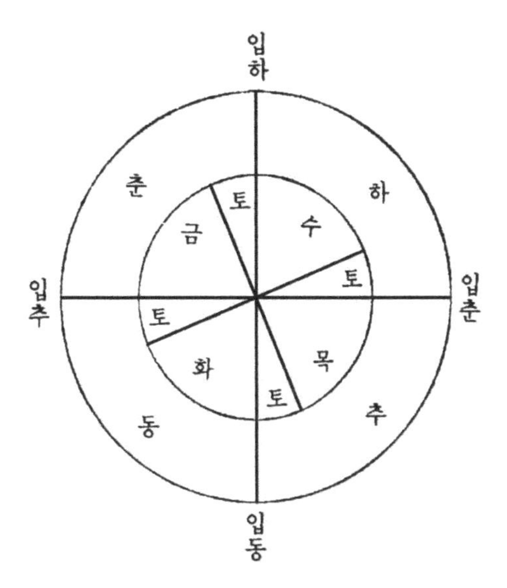

〈그림 9-1〉 4계절의 오행 할당

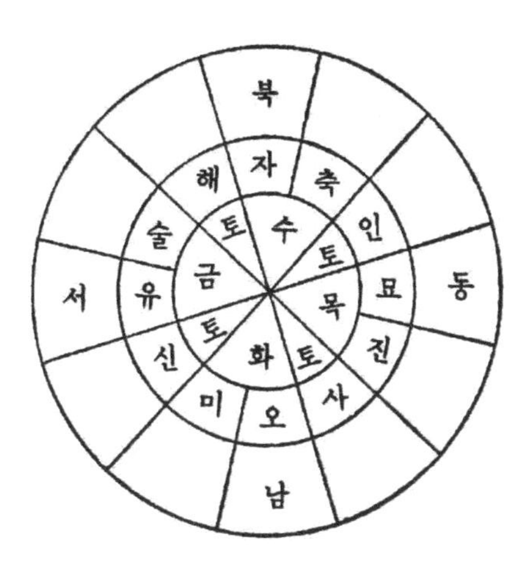

〈그림 9-2〉 십이지와 방각의 오행 할당

〈표 9-7〉

인묘 - 목
진 - 토
사오 -화
미 - 토
신유 - 금
술 - 토
해자 - 수
축 - 토

십이지도 5로 나눌 수 없는데, 네 철의 배분과 거의 같은 방법으로 해결했다. 즉 〈표 9-7〉이 된다. 다만 이 경우는 목화금수가 각각 두 달인데 대해 토만은 넉 달이 있어 평등하지 못하다.

방위에 대한 오행의 배분은 구구하다. 본래 십이지는 자를 진북으로 해서 시계방향으로 축, 인, 묘…로 방위를 가리킨다. 이것은 그 달에 북극성 주걱의 손잡이 부분이 가리키는 방위에 따른 것인데 진동은 묘, 진서는 유가 된다. 이들은 오행으로 배분하는 데는 달의 배분을 그대로 쓰는 외에 토를 중앙으로 놓고 동을 목, 남을 화, 서를 금, 북을 수로 하는 방법 등이 있다(그림 9-2).

96. 귀문의 미신은 소설을 잘못 읽은 데서 왔는가?

귀문(鬼門)은 방위나 집의 상, 즉 가상(家相)에 관한 미신 중 가장 대표적인 것이어서, 귀문이란 축인(동북)의 방위를 대흉으로 하고, 이 방위에 건물을 세우거나 문, 곳간을 만들어서는 안 된다는 것이다.

귀문은 앞에서 말할 오행 배당에 의한 상극설로는 흉이라는 결론이 나오지 않는다. 이 견호로 보면 축인은 흉이 아니라 오히려 진사(동남)가 목극토, 해자(북북서)가 토극수로서 이 두 방위가 흉이다.

귀문의 미신은 지금부터 2000년 전에 씌어진 『산해경(山海經)』이란 옛날의 괴담 소설집에서 나온 것이다. 그에 따르면 중국 동방의 수만 리 깊이의 바다 속에 도삭산(度朔山)이라는 산이 있었고, 산 위에 둥치의 둘레가 3,000리나 되는 거대한 복숭아나무가 있었다. 그 동북에 있는 문을 귀문이라 하였으며, 모든 귀신(죽은 자의 혼)이 이 문을 통과해서 산으로 모여든다고 했다. 이 문에는 신다(神荼), 울루(鬱壘)라는 두 형제가 지키고 있어, 천체(天帝)의 명으로 이들 귀신을 검열하여, 죄 없는 자는 통과시키고, 생전에 사람에게 해를 끼친 자는 갈대 밧줄로 꽁꽁 묶어, 복숭아 나무활로 쏘아 호랑이에게 던져주어 잡아먹히게 했다고 한다.

여기서 말하는 귀신은 죽은 사람의 혼에 지나지 않았다. 그런데 인도의 불교에서 지옥의 나찰을 뜻하는 귀신에 관한 개념이 전해져 뒤죽박죽이 되어 호랑이 가죽을 두르고 쇠뿔이 난 무서운 귀신의 모습이 생겨났다(이 소와 호랑이는 귀문의 방위 각 축과 인을 상징한 것과 같다). 그리고 귀문은 무서운 귀신이 모이는 무서운 방위라고 생각하게 되었다.

그런데 재미있는 일은, 중국에서는 이 귀문을 별반 무서워하지 않는다. 가상을 보는 책에도 구문에 언급한 것이 없다. 일본에서 가장 심한 것 같은데, 원나라 시대에 번창한 연극에서는 배우가 무대에 드나드는 문을 귀문이라고 했다. 이것은 역사물을 연출하는 배우에게는 죽은 사람의 정신이 옮겨져 연극한다고 생각했기 때문인데, 고인의 혼이 드나드는 문이므로 귀문이라고 한다.

97. 병오의 미신은 어떻게 생겼는가?

미신은 모두 허황된 것이지만, 그중에서도 병오(丙午)에 관한 미신만큼 터무니없고 또 오랫동안 사람들에게 해를 끼쳐온 것은 따로 없을 것이다.

중국에서도 오래 전에는 병오와 정미(丁未)년에는 재앙이 생긴다고 믿어진 일이 있다. 병과 정은 「화」가 겹쳐 양동이 심하다 하여 이변과 재앙이 일어나기 쉽다고 생각한 것일까.

일본에서는 이런 미신이 다소 다르게 받아들여졌다. 처음에 일반 문중들은 병오의 해에는 큰 화재가 일어난다고 믿었다. 그러나 지도 계급은 믿지 않았던 것 같고, 국가적인 대공사를 병오에 해당하는 1606년에 착수하기도 하였다.

그 후 병오에 화재가 일어난다는 미신은 사라지고 병오생 여자는 남자를 죽이고, 남자는 여자를 죽인다는 미신으로 변했다. 그런데 어느새 남자가 여자를 죽인다는 쪽은 없어지고 병오생 여자는 남편을 깔아뭉개거나 남편을 잡아먹는다는 엄청난 미신으로 발전하였다.

그리하여 18세기가 되자 병오생 여성은 결혼난에 시달려 목을 매 죽거나 연못에 몸을 던져 자살하는 일까지 생겼다. 1725년(을사년)에는 이 해에 임신한 아기는 다음 병오년에 태어나는데 만일 여자아기라면 본인은 말할 것도 없고 온 집안이 낭패를 당한다고 하여 인공유산이 대유행하였다. 그 때문에 목숨을 잃은 어머니가 적지 않았다고 한다.

그 후에도 60년마다 병오가 되풀이 될 때면 낙태나 아기를 죽이는 일까지 생겨 이것은 미신이라고 일깨웠지만, 일반 사람들은 여전히 이 근거 없는 미신에서 벗어나지 못하였다. 특히 일본의 병오에 대한 미신은 유별나다.

우리나라에서도 육갑납음법(六甲納音法)에 따라 일찍 중국 오행설이 들어와 오행설의 운행이 천의에 따른 것이라 하여 인생의 운명을 암시하는 것으로 믿어졌다.

즉 60간지 중에서 동기가 겹친 것이 12개가 있는데, 그 중 화가 겹친 것이 병오와 정사이다. 그런데 이 육십간지를 인간의 운명에 결부시켜 수와 토가 결합되며 어떠하니, 화가 겹치면 어떠하니 하면서 오랫동안 미신으로 믿어졌다. 오(午)가 붙은 것은 이른바 말띠인데 오는 화이므로 말띠 해에 난 여성은 팔자가 드세다 하여 많은 여성들을 울렸다. 정사(丁巳)도 화가 겹쳤는데 이것은 별로 논란이 된 일이 없고 유독 병오생만 들먹이는 것은 근거 없는 미신이다.

98. 일진, 득신, 용치수란 무슨 뜻이 있는가?

간지를 나날에 배당한 것을 일진(日辰)이라 한다. 기제 축문(忌祭祝文)에는 「유세차 을미 팔월 임진 삭십삼일 갑진(乙未八月壬辰朔十三日甲辰)효자 감소고우」라고 간지를 여러 차례 적는다. 이 글의 간지는 을미년 음력 8월 초하루의 일진이 임진이고, 13일의 일진이 갑진이라는 뜻이다. 이같이 옛날에는 그날그날을 전부 십간십이지로 세었으며 간지에 뜻을 붙여 오히려 숫자보다 더 우월성을 부여하여 사용하였다.

또 민력에는 절후표와 아울러 팔일득신(八日得辛), 오용치수(五龍治水), 이우경전(二牛耕田), 칠마타부(七馬佗負) 같이 숫자로 시작되는 넉자문구가 적혀있다.

여기에서 팔일득신은 정원 초8일의 일진의 간은 신(辛), 오용치수는 정월 초5일의 일진의 지는 진(辰), 이우경전은 정월 초2일의 일진의 지는 축(丑), 칠마타부는 정월 초7일의 일진의 지는 오(午)라는 뜻이다.

일진이 인간생활에 어떤 영향을 준다는 근거는 없으나 농민들은 예부터 상당히 의존해 왔다. 득신은 곡식의 성숙기간의 장단을 말하는 기준으로 생각하였다. 벼의 개화기가 긴 것은 득신의 일수가 긴 까닭이라고 믿었고, 개화기가 길면 풍해를 받기 쉽다고 하여 흉년을 예상했다. 또 용이 적으면 비가 적고, 용이 많으면 비가 많이 내린다거나, 오히려 서로 미루어 비가 적다거나 하며 믿어왔다. 즉 용치수는 한재와 수해에 관련시켰다. 경전과 타부도 가축의 노동력을 뜻하는데 별 근거가 없이 오래도록 믿어온 역에 얽힌 미신이다.

99. 대안, 불멸, 우인에는 무슨 뜻이 있는가?

역서의 칠요에는 미신적인 뜻은 거의 붙여지지 않았지만, 선승(先勝), 우인(友引), 선부(先負), 불멸(佛滅), 대안(大安), 적구(赤口)의 육요(六曜)에 대해서는 옛날부터 나날의 길흉을 정하는데 크게 좌우되었다. 일본에서는 아직도 거의 일상생활에 강하게 영향을 미치고 있다. 이것은 공명육요성(孔明六曜星)에서 온 것이라 한다(표 9-8).

음력의 정월과 7월은 초하루를 선승으로 하고 2일은 우인, 3

〈표 9-8〉

선승	일찍 서둘면 좋다. 오후는 흉하다.
우인	반길일로서 낮에는 흉하고 승부가 나지 않는다.
선부	일찍 서둘면 흉하며 오전 중은 흉하다.
불멸	대흉일로서 만상 조심한다.
대안	길일로서 만사가 잘 된다.
적구	중간은 길하고 조석은 흉하다. 길일이 아니므로 조심한다.

일은 선부라는 순서로 6일마다 되풀이한다. 2월과 8월은 두 번째 우인부터 시작하고, 3월과 9월은 선부부터 시작하고, 4월과 10월은 불멸부터, 5월과 11월은 대안부터, 6월과 동짓달은 적구부터 시작하여 순차적으로 할당한다. 지금 우리가 쓰고 있는 태양력으로 고쳐서 쓰면 이런 규칙성이 나타나지 않는데, 실은 음력이면 정월 초하루는 선승, 3월 3일은 대안이라는 식으로 정해져 있고 같은 달이면 대안도 불멸도 6일마다 반복된다.

공명육요성은 중국의 「소육임(小六壬)」에서 도래한 것으로 소육임은 대안(大安), 유련(留連), 속희(速喜), 적구(赤口), 소길(小吉), 공망(空亡)의 여섯 가지가 월일시를 통하여 순환하는데 청나라 시대에는 근거 없는 미신이라 하여 역서에서 말소되었다.

우리나라에서도 「손이 없는 날」이 있다. 손이란 날을 따라 여기저기 돌아다니면서 사람이 하는 일을 방해하는 귀신을 말한다. 이 악신은 음력 매월 매순 같은 날짜에 나타난다 하고 역서 없이 알 수 있어 한민족 사이에 많이 쓰이고 있다. 그 날짜와 손이 드는 방위는 하루, 이틀은 손이 동쪽에 있고 사흘, 나흘은 손이 남쪽에 있고 닷새, 엿새는 손이 서쪽에 있고 이레, 여드레는 손이 북쪽에 있고 아흐레, 열흘은 손이 하늘로 올라가 아무데도 없다는 것이다. 따라서 이에 따르면 음력 초하루, 초이틀, 11일, 12일, 21일, 22일은 동쪽에 대해서는 어떤 일을 시작하면 흉하다고 한다. 사람들의 이사하는 날을 9, 10, 19, 20, 29, 30일을 택하는 것은 손이 없는 날을 택한다는 것이며 일종의 십요(十曜)의 사상이다.

(99의 ?)

과학사의 진실

교과서에도 없는 진실의 드라마

초판 1쇄 1978년 12월 15일
개정 1쇄 2018년 11월 27일

지은이 이찌바 야스오
옮긴이 손영수
펴낸이 손영일
펴낸곳 전파과학사
주소 서울시 서대문구 증가로 18, 204호
등록 1956. 7. 23. 등록 제10-89호
전화 (02)333-8877(8855)
FAX (02)334-8092
홈페이지 www.s-wave.co.kr
E-mail chonpa2@hanmail.net
공식블로그 http://blog.naver.com/siencia

ISBN 978-89-7044-839-8 (03400)

도서목록

현대과학신서

A1 일반상대론의 물리적 기초
A2 아인슈타인 I
A3 아인슈타인 II
A4 미지의 세계로의 여행
A5 천재의 정신병리
A6 자석 이야기
A7 러더퍼드와 원자의 본질
A9 중력
A10 중국과학의 사상
A11 재미있는 물리실험
A12 물리학이란 무엇인가
A13 불교와 자연과학
A14 대륙은 움직인다
A15 대륙은 살아있다
A16 창조 공학
A17 분자생물학 입문 I
A18 물
A19 재미있는 물리학 I
A20 재미있는 물리학 II
A21 우리가 처음은 아니다
A22 바이러스의 세계
A23 탐구학습 과학실험
A24 과학사의 뒷얘기 I
A25 과학사의 뒷얘기 II
A26 과학사의 뒷얘기 III
A27 과학사의 뒷얘기 IV
A28 공간의 역사
A29 물리학을 뒤흔든 30년
A30 별의 물리
A31 신소재 혁명
A32 현대과학의 기독교적 이해
A33 서양과학사
A34 생명의 뿌리
A35 물리학사
A36 자기개발법
A37 양자전자공학
A38 과학 재능의 교육
A39 마찰 이야기
A40 지질학, 지구사 그리고 인류
A41 레이저 이야기
A42 생명의 기원
A43 공기의 탐구
A44 바이오 센서
A45 동물의 사회행동
A46 아이작 뉴턴
A47 생물학사
A48 레이저와 홀러그러피
A49 처음 3분간
A50 종교와 과학
A51 물리철학
A52 화학과 범죄
A53 수학의 약점
A54 생명이란 무엇인가
A55 양자역학의 세계상
A56 일본인과 근대과학
A57 호르몬
A58 생활 속의 화학
A59 셈과 사람과 컴퓨터
A60 우리가 먹는 화학물질
A61 물리법칙의 특성
A62 진화
A63 아시모프의 천문학 입문
A64 잃어버린 장
A65 별· 은하 우주

도서목록

BLUE BACKS

91. 컴퓨터 그래픽의 세계
92. 퍼스컴 통계학 입문
93. OS/2로의 초대
94. 분리의 과학
95. 바다 야채
96. 잃어버린 세계·과학의 여행
97. 식물 바이오 테크놀러지
98. 새로운 양자생물학(품절)
99. 꿈의 신소재·기능성 고분자
100. 바이오 테크놀러지 용어사전
101. Quick C 첫걸음
102. 지식공학 입문
103. 퍼스컴으로 즐기는 수학
104. PC통신 입문
105. RNA 이야기
106. 인공지능의 ABC
107. 진화론이 변하고 있다
108. 지구의 수호신·성층권 오존
109. MS-Window란 무엇인가
110. 오답으로부터 배운다
111. PC C언어 입문
112. 시간의 불가사의
113. 뇌사란 무엇인가?
114. 세라믹 센서
115. PC LAN은 무엇인가?
116. 생물물리의 최전선
117. 사람은 방사선에 왜 약한가?
118. 신기한 화학매직
119. 모터를 알기 쉽게 배운다
120. 상대론의 ABC
121. 수학기피증의 진찰실
122. 방사능을 생각한다
123. 조리요령의 과학
124. 앞을 내다보는 통계학
125. 원주율 π의 불가사의
126. 마취의 과학
127. 양자우주를 엿보다
128. 카오스와 프랙털
129. 뇌 100가지 새로운 지식
130. 만화수학 소사전
131. 화학사 상식을 다시보다
132. 17억 년 전의 원자로
133. 다리의 모든 것
134. 식물의 생명상
135. 수학 아직 이러한 것을 모른다
136. 우리 주변의 화학물질
137. 교실에서 가르쳐주지 않는 지구이야기
138. 죽음을 초월하는 마음의 과학
139. 화학 재치문답
140. 공룡은 어떤 생물이었나
141. 시세를 연구한다
142. 스트레스와 면역
143. 나는 효소이다
144. 이기적인 유전자란 무엇인가
145. 인재는 불량사원에서 찾아라
146. 기능성 식품의 경이
147. 바이오 식품의 경이
148. 몸 속의 원소여행
149. 궁극의 가속기 SSC와 21세기 물리학
150. 지구환경의 참과 거짓
151. 중성미자 천문학
152. 제2의 지구란 있는가
153. 아이는 이처럼 지쳐 있다
154. 중국의학에서 본 병 아닌 병
155. 화학이 만든 놀라운 기능재료
156. 수학 퍼즐 랜드
157. PC로 도전하는 원주율
158. 대인 관계의 심리학
159. PC로 즐기는 물리 시뮬레이션
160. 대인관계의 심리학
161. 화학반응은 왜 일어나는가
162. 한방의 과학
163. 초능력과 기의 수수께끼에 도전한다
164. 과학·재미있는 질문 상자
165. 컴퓨터 바이러스
166. 산수 100가지 난문·기문 3
167. 속산 100의 테크닉
168. 에너지로 말하는 현대 물리학
169. 전철 안에서도 할 수 있는 정보처리
170. 슈퍼파워 효소의 경이
171. 화학 오답집
172. 태양전지를 익숙하게 다룬다
173. 무리수의 불가사의
174. 과일의 박물학
175. 응용초전도
176. 무한의 불가사의
177. 전기란 무엇인가
178. 0의 불가사의
179. 솔리톤이란 무엇인가?
180. 여자의 뇌·남자의 뇌
181. 심장병을 예방하자